wbk Forschungsberichte
aus dem Institut für Werkzeugmaschinen
und Betriebstechnik
der Universität Karlsruhe

Herausgeber: o. Prof. Dr.-Ing. H. Victor

3

Harald Cuntz

Intelligente Funktionsbausteine für numerisch gesteuerte Werkzeugmaschinen

Mit 83 Abbildungen

Springer-Verlag
Berlin Heidelberg New York 1981

Dr.-Ing. Harald Cuntz
Institut für Werkzeugmaschinen und Betriebstechnik
Universität Karlsruhe

Dr.-Ing. Hans R. Victor †
o. Professor am Institut für Werkzeugmaschinen und Betriebstechnik
Universität Karlsruhe

ISBN-13: 978-3-540-10812-2   e-ISBN-13: 978-3-642-81662-8
DOI: 10.1007/978-3-642-81662-8

<u>Geleitwort des Herausgebers</u>

Vielfach wird beklagt, daß der Transfer der Ergebnisse
von Forschungsarbeiten der Universitäten zum industriellen Anwender nur mit Zeitverzögerung oder in nicht
ausreichendem Maße erfolge. In den Fällen, wo das wirk-
lich zutrifft, wäre diese Problematik besonders dann zu
bedauern, wenn die durchgeführten Forschungsarbeiten pra-
xisrelevante Themen behandelt haben, die unmittelbar oder
nach Anpassung Teil des für den wirtschaftlichen Erfolg
der Industrie so wichtigen "know how" werden könnten.

Um den Wissenstransfer Universität - Industrie wenigstens
in einem kleinen Bereich zu verbessern, wird die Buch-
reihe

"wbk-Forschungsberichte"

gesicherte Ergebnisse praxisnaher Forschungsarbeiten des

Instituts für Werkzeugmaschinen
und Betriebstechnik
der Universität Karlsruhe

kurz "wbk" genannt, in geschlossener Darstellung veröf-
fentlichen. Die Bände dieser Reihe, die in unregelmäßi-
ger Folge erscheinen, sollen dazu beitragen, die zeitliche und sachliche Lücke zwischen dem Abschluß einer For-
schungsarbeit und der möglichen Adaption durch die Industrie zu verkürzen.

Thematisch umfassen die Veröffentlichungen Arbeiten aus
dem Gebiet der Fertigungstechnik, des Werkzeugmaschinen-
baus und der Steuerungstechnik. Sie wenden sich sowohl
an das Führungspersonal im Betrieb als auch an in Forschung und Entwicklung Tätige. Bei den genannten Perso-
nenkreisen sollen sie neue Erkenntnisse und Ergebnisse
aus der Forschung vermitteln, die für die eigenen konstruktiven und fertigungstechnischen Aufgaben von besonderer Bedeutung sein könnten.

Naturgemäß kann eine derartige Dokumtation, die ja an
einen gewissen Umfang gebunden ist, nicht in jedem Fall
und für jede Anwendung alle Fragen schlüssig beantwor-
ten. Ergänzend hierzu bietet sich dann aber der persön-
liche Kontakt des Interessenten mit dem wbk an, zu dem
die Autoren gern bereit sind.

Daß die wbk-Forschungsergebnisse durch die jetzt über
den Buchhandel erhältlichen "wbk-Forschungsberichte"
noch größere Verbreitung als bisher erhalten, wünschen
alle Mitarbeiter und der Herausgeber dieser Reihe.

Hans R. Victor

<u>Vorwort</u>

Die vorliegende Arbeit entstand während meiner Tätigkeit
als wissenschaftlicher Assistent am Lehrstuhl und Institut für Werkzeugmaschinen und Betriebstechnik der Universität Karlsruhe.

Herrn Prof. Dr.-Ing. H. Victor, dem verstorbenen Leiter
des Instituts, verdanke ich die Anregung und die beson-
dere Förderung der Arbeit.

Den Referenten Herrn Prof. Dr.-Ing. H. Grabowski, dem
Leiter des Instituts für Rechneranwendung in Planung und
Konstruktion der Universität Karlsruhe und Herrn Prof.
Dr.-Ing. M. Weck, dem Leiter des Lehrstuhls und Instituts für Werkzeugmaschinen am WZL der RWTH in Aachen
danke ich für ihr Interesse und die eingehende Durch-
sicht der Arbeit.

Den Herren Dr.-Ing. G. Widl, Dipl.-Ing. H.U. Paul und
Dipl.-Ing. H. Lenz vom Geschäftsbereich Industrieaus-
rüstung der Robert Bosch GmbH in Erbach danke ich für
die großzügige Unterstützung und die vorbildliche Zusammenarbeit bei der Durchführung der Projekte.

Meinen Kollegen, den Mitgliedern der Steuerungsgruppe
und hier besonders Dipl.-Ing. R. Brückbauer und Dipl.-
Ing. G. Staiger danke ich für die wertvolle Unterstützung
bei der Erstellung der Arbeit, Dipl.-Ing. M. Müller für
die anregenden Diskussionen und Dipl.-Ing. Vorsteher
vom WZL in Aachen für die eingebrachten Vorschläge zur
Korrektur der Arbeit.

Mein besonderer Dank gilt meinen Eltern, die mir die
Ausbildung ermöglichten und meiner Frau Dagmar, die mir
bei der Erstellung der Arbeit sehr behilflich war.

Karlsruhe, Februar 1981   Harald Cuntz

INHALTSVERZEICHNIS

FORMELZEICHEN UND ABKÜRZUNGEN

A, A'	mm	Kontrollraum
a	mm/$^{\circ}$	thermische Nachgiebigkeit
$\vec{a}$	mm	Bahnvektor
A_E	mm	Eckenabweichung
$A_{\ddot{U}}$	mm	Überschwingabweichung
$\vec{b}$	mm	Verbindungsvektor
$B(I)$		Parameterfeld für Gerade und Kreis
c_p	1	Belastungskennziffer
$\vec{c}$	mm	Verbindungsvektor
D	mm	Korrekturwert
η	mm	Versatzvektor
g, g_1, g_2		Gerade
H	mm	Hilfshöhe
I, J	mm	Kreisparameter in x und y
$i, j, \vec{R}$		Einheitsvektoren
k, k_1, k_2	1	Konstanten, Kreise
$\vec{Kr}$	mm^2	Kreuzprodukt
k_r	1	Drehrichtung
k_v	1/s	Geschwindigkeitsverstärkung
k_t	1	Zahl der Nachlaufintervalle
l	mm	Länge, Nachlauf
l_o	mm	Länge bei 0°C

Δl	mm	Längenänderung
M_1, M_2		Mittelpunkte
n	1/min	Drehzahl
R, R_a, R_n	mm	Bahnradien
R, R_o	Ω	Widerstand
s_n	mm	Sollposition
s_i	mm	Istposition
Sp	mm	Skalarprodukt
T_{AB}	s	Abtastzeit
T_b	s	gesamte Verfahrzeit
T_{BZ}	s	Blockzykluszeit
Δt	s	Rufdauer
v_B	mm/min	Bahngeschwindigkeit
w	mm	Bahnlänge
x, y	mm	Bahnkoordinaten
$\Delta x, \Delta y$	mm	Weginkremente
ΔZ	mm	Verlagerung
α	$1/^{\circ}$	mittlerer Temperaturbeiwert
ϑ	$^{\circ}$	Temperatur in $^{\circ}C$
φ		Bahnrichtungswinkel
ν	1/s	Ruffolge
ω_0	1/s	Kennkreisfrequenz

Indices

ges	Gesamt
i	Istwert
i,j,k,m,n	Laufvariablen
m	Mittelpunkt
max	maximal
s	Sollwert, Schnittpunkt
x,y	Anteil in x,y-Richtung

Abkürzungen

ACC	Adaptive Control Constraint
CAD	Computer Aided Design
CCW	Counter Clockwise
CJ	Circular Joining
CW	Clockwise
CNC	Computerized Numerical Control
FIFO	First In First Out
ISP	Intersection Point
MPST	Mehrprozessorensteuerung
NTC	Negative Temperature Coefficient

1. EINLEITUNG

Der erstmalige Einsatz von Prozeßrechnern in Werkzeugmaschinensteuerungen anfangs der 70er Jahre hat Herstellern und Anwendern von Steuerungen neue Einsatz-
gebiete und eine größere Flexibilität ermöglicht. Die
Einbeziehung des Mikroprozessors in die Steuerung, die
daraus resultierende Verbilligung und das gleichzeiti-
ge Anwachsen des Funktionsumfangs hat die CNC-Steuerung
(Computerized Numerical Control) zu einem Rationalisie-
rungsinstrument 1. Ranges werden lassen.

Die Ablösung der festverdrahteten NC-Generation durch
die Abbildung einzelner Funktionsgruppen in die Betriebs-
software des Steuerungsrechners ist inzwischen abgeschlossen. Damit ergeben sich für den Steuerungshersteller
zwei entscheidende Vorteile:

- Der Entwicklungs- und Testaufwand zum Aufbau
  einer neuen Steuerung wird erniedrigt bei einer
  gleichzeitigen Erhöhung ihrer Zuverlässigkeit

- Bei Verwendung der gleichen Hardware können
  unterschiedliche Aufgabenstellungen von den
  Steuerungen bearbeitet werden.

Die in der Arbeit vorgestellten Entwicklungen entstanden
in Zusammenarbeit mit einem führenden deutschen Steuerungshersteller. Dabei stand die Aufgabe im Vordergrund
komplexe Bausteine, die einen hohen Rechenaufwand er-
fordern, in die Steuerung zu integrieren /1/. Die Übernahme derartig aufwendiger Funktionen kann aber auch
leicht zu einer Überlastung des in der Steuerung eingebauten Rechners führen.

1.1 Entwicklungsstand der NC-Technik

In der nun 22-jährigen Geschichte des industriellen
Einsatzes der NC-Steuerung hat diese vielfach ihr Ge-
sicht gewandelt, denn die Geschichte der NC-Steuerung
ist direkt mit der Entwicklung der elektrischen Bauelemente verknüpft /5, 6/.

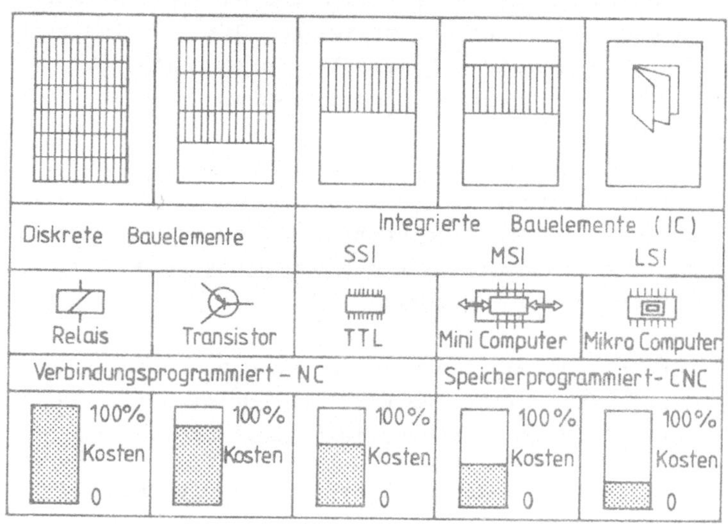

Bild 1.1: Auswirkung der Bauelementeentwick-
lung auf die NC-Steuerung

Eine komprimierte Zusammenstellung ihrer bisherigen Entwicklung ist in Bild 1.1 wiedergegeben /2/. Die Charak-
teristika dieser Entwicklung sind:

- die Bauelemente,

- deren zunehmende Integrationsdichte,

- die damit verbundene Baugrößenreduzierung

der Steuerung,

- der Übergang von der aufwendigen Ver-
bindungs- zur flexiblen Speicherprogrammierung und

- die abnehmenden Kosten für die Gesamt-
steuerung.

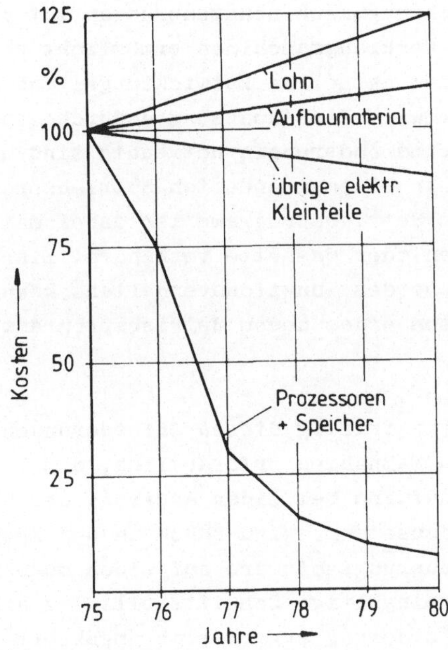

Bild 1.2: Kostenentwicklung preisbestimmen-
der Bauteile von NC-Steuerungen

Bild 1.2 gibt den qualitativen Verlauf der kostenbestim-
menden Faktoren einer Steuerung für die letzten fünf
Jahre an /3/. Hierin ist deutlich zu erkennen, daß der
günstigste Ansatzpunkt für eine Weiterentwicklung der
NC-Steuerung in der Integration von rechenzeit- und
speicherintensiven Aufgaben liegt /4/. Der Darstellung

aus Bild 1.2 ist auch zu entnehmen, daß Entwicklungen, die einen erhöhten Hardwareaufwand mit sich bringen, zwangsläufig auch teure Entwicklungen sind.

1.2 Problemstellung

Durch die Möglichkeit einer leichten Nachrüstbarkeit von installierten Werkzeugmaschinensteuerungen ist es dem Anwender von CNC-Werkzeugmaschinen ermöglicht worden, seine Maschine dem aktuellen Entwicklungsstand anzupassen. Erleichtert wird die Anpassung dadurch, daß oft hardwareseitig keine Änderungen notwendig sind und diese sich lediglich in einem geänderten Betriebsprogramm ausdrücken. Das Betriebsprogramm ist dabei materiell als Lochstreifen oder Cassette vorhanden. Eine grundsätzliche Änderung des Funktionsverhaltens kann also durch das Einlesen eines neuen Betriebsprogrammes erzeugt werden.

Soll eine Steuerung langfristig diesen Anforderungen gerecht werden, so sind Maßnahmen erforderlich, die dies ermöglichen. Um den Aufwand bei einer Änderung der Betriebsprogramme herabzusetzen, sind schon in der Konzeptionsphase der Steuerungssoftware auf einen modularen Aufbau und allgemeingültige Schnittstellen zu achten. Eine weitere Anforderung ergibt sich umgekehrt beim Einsatz eines neuen Rechners in der Steuerung. Um den Softwareentwicklungsaufwand herabzusetzen muß es möglich sein, möglichst große Teile der bisher entwickelten teuren Software zu übernehmen. Neben der Forderung nach Portabilität muß auch die Aufwärtskompatibilität der Software gewahrt werden. Gleichzeitig muß bei der Erweiterung des Funktionsumfangs der Steuerung beachtet werden, daß die Steuerung ihrer eigentlichen Aufgabe einer zeitgerechten Bahnerzeugung uneingeschränkt nachkommen kann.

Bei der Entwicklung der neuen Funktionsbausteine sind
die gestellten Anforderungen zu berücksichtigen. Unterschiedliche Aspekte ergeben sich besonders durch die
stark abweichende Ausführungszeit und Ruffrequenz der
entwickelten Funktionsbausteine.

2. FUNKTIONSBAUSTEINE NUMERISCHER STEUERUNGEN

Der Funktionsumfang einer numerischen Steuerung ist von
Art und Zahl der in die Steuerung integrierten Funktionsgruppen abhängig. Bei einer festverdrahteten NC-
Steuerung ist die Zahl der Karten dem Funktionsumfang
direkt proportional /7/. Bei einer speicherprogrammier-
ten CNC-Steuerung hingegen kann der Funktionsumfang
nicht an der Kartenzahl abgelesen werden, sondern
schlägt sich in einer Vergrößerung des Betriebsprogrammes nieder, das in dem schon vorhandenen Speicher ab-
gelegt wird.

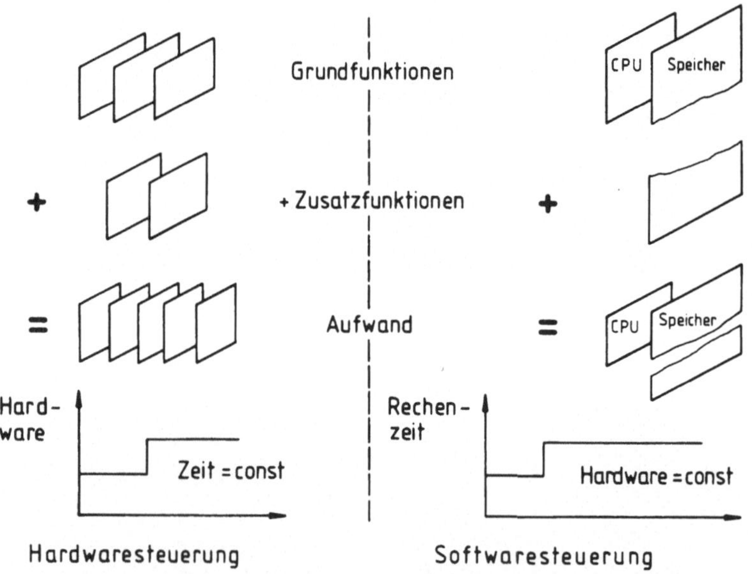

Bild 2.1: Auswirkungen von Funktionserweiterungen
auf Hardware- und Softwaresteuerungen

Diese Aussage ist in Bild 2.1 festgehalten. Entscheidend

ist hier aber die Art des aus den Zusatzfunktionen resultierenden Mehraufwands. Was sich für die Hardwaresteuerung in einer Vergrößerung der Zahl der Karten niederschlägt, hat bei einer Softwaresteuerung eine Erhöhung der Rechenzeit zur Folge. Dieser Aspekt darf beim Einbau neuer Funktionsbausteine nicht übersehen werden.

Normen, die den Funktionsumfang von Steuerungen festlegen, existieren nicht. In DIN 19226 /9/ wird lediglich eine Definition der NC-Steuerung gegeben, die folgenden Wortlaut hat: "Eine NC-Steuerung ist eine Ablaufsteuerung, bei der Bewegungen in ihrem zeitlichen Ablauf durch Schaltsysteme nach einem Programm gesteuert werden, das in Abhängigkeit von erreichten Zuständen in der gesteuerten Anordnung schrittweise durchgeführt wird. Das Programm (NC-Teileprogramm) kann als Lochstreifen vorliegen oder von geeigneten Speichern abgerufen werden."

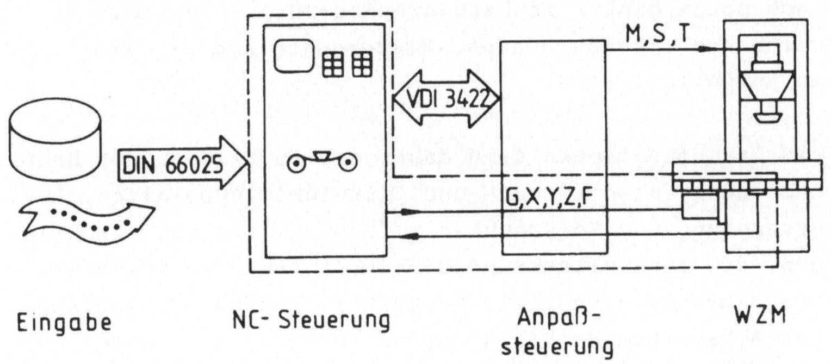

Bild 2.2: Die Schnittstellen der NC-Steuerung
im Normenwerk

Weiterhin sind die Schnittstellen zur Programmeingabe in DIN 66025/28/ und die Schnittstelle zur Anpaßsteuerung in VDI 3422/8/ definiert. Bild 2.2 verdeutlicht

diese Aussage. Alle weiteren mit NC befaßten Normen und
Richtlinien beschäftigen sich mit dem Einsatz und Umfeld der NC-Steuerung.

Nicht definiert sind der interne Aufbau der Steuerung
und die Informationserzeugung, die für die Verarbei-
tung der Geometriedaten und zur Beeinflussung der Vorschubgeschwindigkeit notwendig sind. Den Herstellern
numerischer Steuerungen stehen daher viele Realisie-
rungswege offen, da die Steuerung selbst im Normenwerk als eine "black box" behandelt wird.

Versucht man nun den möglichen Funktionsumfang numerischer Steuerungen einzuordnen, so empfiehlt es sich,
eine Einteilung nach Grundfunktionen und Funktionserweiterungen vorzunehmen. Dabei ist es sinnvoll von
Grundfunktionen zu sprechen, wenn Funktionen gemeint
sind, die für den Fertigungsprozeß in der Maschine fun-
damental sind. Damit sind also Funktionen gemeint, die
auch schon bisher in Hardwaresteuerungen realisiert
waren und in modernen CNC-Steuerungen nun als Programm-
me abgebildet sind.

Als Grundfunktionen sind daher die Funktionen zur Bahnerzeugung, also Linear- und Zirkularinterpolation, Lageregelung und Vorschubbeeinflussung, als auch Funktionen, die eine allgemeinere Formulierung des NC-Teile-
programms zulassen, wie Längenkorrekturen, Spiegelung
von Achsen und Nullpunktverschiebungen, zu nennen /10,
11/.

Alle weiteren Funktionen sind größtenteils erst durch
den Rechnereinsatz in der Steuerung möglich und sinnvoll geworden.

2.1 Einwirkungsbereiche der numerischen
     Steuerung

Die Möglichkeit, neue Funktionsgruppen in die Steuerung
zu integrieren, hat für den Einsatzbereich des Betriebs-
mittels CNC-Steuerung weitgehende Folgen. Nicht nur der
Fertigungsprozeß an der gesteuerten Werkzeugmaschine
erfährt eine Verbesserung, eine positive Beeinflussung
kann auch in den Bereichen erzielt werden, die das Umfeld der Werkzeugmaschine bestimmen.
Aus dem Umfeld der Fertigung sind besonders die Auswirkungen neuer Steuerungsfunktionen auf die Arbeitsvorbereitung, auf die Qualitätskontrolle und auf die
Betriebsdatenerfassung zu nennen /12, 13/. Prozeßspe-
zifische Funktionen, also Einrichtungen, die den Fertigungsprozeß auf der Maschine und das Zusammenspiel
von Werkzeugmaschine und Steuerung überwachen, haben
eine planbare Fertigungsgüte und eine Verbesserung der
Sicherheit der Fertigungseinrichtungen zur Folge.

2.1.1 Numerische Steuerung und Arbeitsvor-
       bereitung

Eine Entlastung der Arbeitsvorbereitung, die für das
Erstellen der NC-Teileprogramme verantwortlich zeich-
net, bilden Funktionen, die eine allgemeine Verwend-
barkeit der erzeugten Steuerinformationen zulassen.
Dies kann erreicht werden, indem das Steuerprogramm
erst in dem Augenblick des Fertigungseinsatzes die
aktuell benutzten Werkzeuglängen und Werkzeugradien
als Korrekturwerte in die Steuerinformation einrech-
net /22/.

Durch die Verwendung oftmals wiederkehrender Arbeits-
folgen, die im Steuerungsrechner als Arbeitszyklen ab-

gelegt sind, kann die Zahl der in der Arbeitsvorbereitung generierten NC-Sätze herabgesetzt werden, was mit
einer Erhöhung des Durchsatzes an NC-Teileprogrammen
gleichgesetzt werden kann.

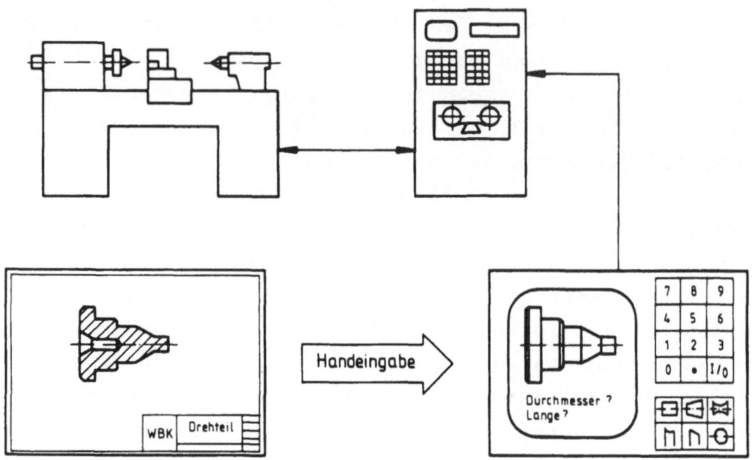

Bild 2.3: Zeichnungsadäquate Handeingabe

Eine gänzliche Entlastung der Arbeitsvorbereitung von
Programmierarbeiten ist bei der Benutzung einer dialog-
fähigen Eingabesprache an der Werkzeugmaschine möglich.
Funktionsbausteine, die eine leichte zeichnungsadäquate
Programmierung erlauben, sind wie in Bild 2.3 skizziert,
teilweise realisiert /16/ - komfortable Systeme befinden sich im Entwicklungsstadium. Zu berücksichtigen ist
jedoch, daß ein für die Programmierung an der Maschine
geeignetes Werkstückspektrum von der Komplexität her beschränkt bleibt /14/.

Von einem anderen Standpunkt aus betrachtet bedeutet
dies, daß die Ausrüstung von Universalwerkzeugmaschinen mit derartigen Handeingabesteuerungen sehr wirt-

schaftlich sein kann, besonders dann, wenn es sich um
Erstanwender beziehungsweise kleinere Fertigungsbetrie-
be handelt /15/.

Zu berücksichtigen ist jedoch, daß durch die Verlagerung der Programmierung in die Werkstatt der Arbeitsvorbereitung wichtige Planungsdaten entzogen werden.
Um diesen Nachteil zu umgehen muß dann auf die in der
Konstruktion gewonnenen Daten zurückgegriffen werden.
Moderne in Entwicklung befindliche CAD-Systeme (Compu-
ter Aided Design) berücksichtigen dies.

2.1.2 Numerische Steuerung und Fertigungsprozeß

Eine weitere Möglichkeit, die Produktivität einer Werkzeugmaschine zu steigern, besteht darin, den Fertigungsprozeß auf der Maschine sicherer zu machen oder durch
gezielte Maßnahmen die Leistungsfähigkeit der Maschine
optimal auszunutzen.

Die Anforderungen der Anwender numerisch gesteuerter
Werkzeugmaschinen nach einer Ausnutzung der an der Maschine verfügbaren Leistung hat bei einigen typischen
Anwendungsfällen ACC-Systemen (Adaptive Control Con-
straint) zum Durchbruch verholfen, die aufgrund tech-
nologischer Kenngrößen, wie Leistung und Drehmoment,
aber auch aus geometrischen Kenngrößen Grenzwerte für
den Zerspanungsprozeß ermitteln und auswerten.

Realisierte Systeme, wie in Bild 2.4 dargestellt, benutzen dabei zum Beispiel die Verbiegung der Hauptspindel als Eingangsgröße und berechnen daraus parallel zum
Zerspanprozeß die zugehörigen prozentualen Abweichungen
für die Ausgangsgröße, den programmierten Vorschubwert
/17/. Daß ein derartiges ACC-System auch gleichzeitig,

aufgrund seiner verschwindenden Totzeit, für eine An-
schnitterkennung geeignet ist, erhöht die Einsatzbreite
des Systems beträchtlich.

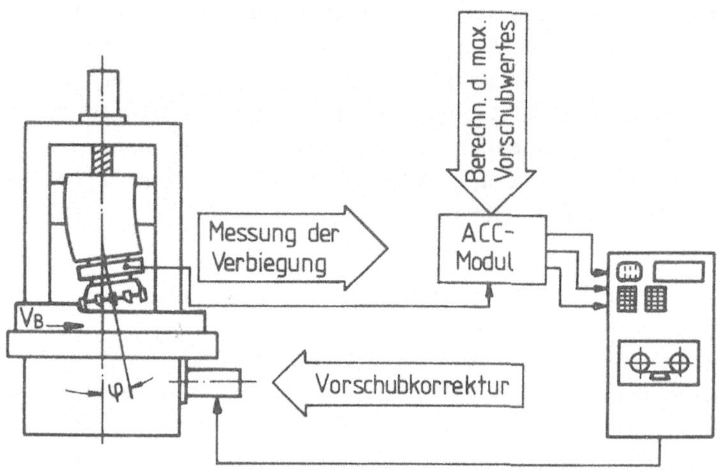

Bild 2.4: Kopplung eines externen ACC-Bausteins an
die Werkzeugmaschinensteuerung

Geometrische ACC-Systeme, die zum Beispiel auch die Abweichung der Istbahn von der Sollbahn als Eingangsgröße
für eine Vorschubbeeinflussung erfassen, sind denkbar
und zur Zeit in der Realisierungsphase. Ausgangspunkt
der Überlegung ist dabei jedoch der Gedanke, die Sicherheit des Bedieners zu erhöhen und besonders teure Werkstücke vor einer Zerstörung durch eine Überlastung der
Maschine zu bewahren. Eine Vorstufe dieses Systems zur
Einhaltung der Fertigungsgenauigkeit, ein Bahnüberwachungssystem, wird in Kapitel 5 genauer beschrieben.

2.1.3 Numerische Steuerung und Qualitäts-
kontrolle

Der Einsatz numerischer Steuerungen hat nicht nur für
die Arbeitsvorbereitung und den Fertigungsprozeß in
der Maschine weitreichende Folgen - Auswirkungen zeigen sich auch im Bereich der Qualitätskontrolle. Dabei bietet eine moderne CNC-Steuerung den Vorteil, daß
diese aus dem Bearbeitungsprozeß Daten zurückgewinnen
kann, die Aussagen über die Qualität, also die Toleranzen und die Maßhaltigkeit der Werkstücke, zulassen. Besonders vorteilhaft wirken sich die Integration eines
Meßtasters in die Maschine und der zugehörigen Meßzyklen in die Steuerungssoftware aus. Der Fertigungsprozeß erfährt dadurch eine fast verzögerungsfreie Rück-
meldung über die gefertigte Qualität. Eine erhebliche
Ausschußreduzierung ist die Folge.

Für eine Realisierung von Maßnahmen zur Qualitätskontrolle in der Werkzeugmaschine bieten sich zwei grund-
verschiedene Methoden an. Die eine Methode besteht darin, einen Meßtaster in einer Bearbeitungspause in die
Werkzeugaufnahme einzuwechseln und funktionsbestimmen-
de Maße zu kontrollieren, aufzunehmen, zu protokollie-
ren, entsprechende Korrekturwerte zu ermitteln und gegebenenfalls den Maschinenbediener zu warnen /18/.

Eine derartige Konfiguration ist in Bild 2.5 dargestellt. Ausgeführte Systeme unterscheiden sich dabei
durch den Grad der Kontrolle, der in der Werkzeugmaschine durchgeführt wird.

Ein anderer Weg auf die Qualität des Werkstücks einzu-
wirken besteht darin, die die Arbeitsunsicherheit
beeinflussenden Größen, wie zum Beispiel die Temperaturen zu erfassen und die daraus resultierenden Verla-

gerungen der Arbeitsspindel mit geeigneten Verfahren
zu kompensieren. In Kapitel 4 wird ein derartig wir-
kendes Kompensationsmodell vorgestellt.

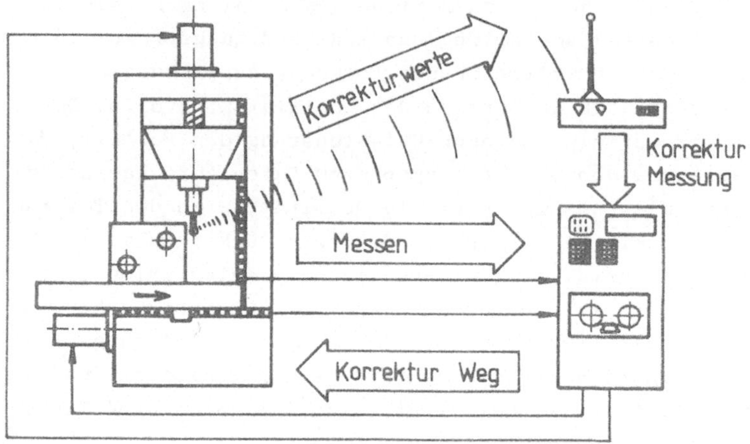

Bild 2.5: Aufbau und Wirkungsweise einer integrierten
Meßeinrichtung für CNC-Steuerungen

2.2 Intelligente Funktionsbausteine

Grundlage für eine gezielte Erweiterung des Funktionsumfangs der numerischen Steuerung ist das Vorhandensein
eines Rechners. Dieser ist mit logischer und arithmeti-
scher Intelligenz ausgerüstet. Damit ist die Formulierung der vorgestellten aufwendigen und komplexen Pro-
blemstellungen möglich geworden. Gleichzeitig kann damit den oft unterschiedlichen Wünschen und Bedürfnissen
der einzelnen NC-Anwender besser entsprochen werden.

Nicht nur die Bauteilentwicklung der Halbleiterindu-
strie hat zu modernen Steuerungen geführt, sondern gerade die anwenderseitigen Forderungen an die Steuerungshersteller. Im Vordergrund des Anforderungskatalogs stehen dabei:

- eine Erhöhung der Flexibilität und Nachrüstbarkeit,

- eine hohe Verfügbarkeit verbunden mit

- Service- und Wartungsfreundlichkeit, bei
  einer gleichzeitigen Steigerung des Funktionsumfangs,

- eine Verbesserung der Handhabung und Programmeingabe und

- eine verbreitete Anwendung der numerischen
  Steuerung bei Sondermaschinen.

Alle weiteren Funktionsbausteine müssen also den folgenden Ansprüchen genügen:

- die Steuerung bedienfreundlich zu machen,

- den Fertigungsprozeß in der Maschine zu
  überwachen,

- den Eingabeaufwand zu reduzieren,

- Zusatzgeräte, die die Effizienz der Werkzeugmaschine erhöhen, mit der Steuerung zu
  koppeln, wie etwa Werkzeugwechsler und
  Beschickungseinrichtungen und

- gleichzeitig die systematischen Fehler der
  Werkzeugmaschine zu beseitigen.

Unter intelligenten Funktionsbausteinen kann man daher
die Eigenschaft der Steuerung verstehen, mit einer minimalen Dateneingabe eine Datenexplosion zur Bahnerzeugung in der Steuerung hervorzurufen, was zu einer
erheblichen Verringerung der Fehlerrate bei der Eingabe führt. Als ebenso intelligent ist die Möglichkeit
einer werkzeugunabhängigen Formulierung der Steuerinformation anzusehen, was eine allgemeinere Verwendbar-
keit der maschinell erzeugten NC-Teileprogramme zur
Folge hat. Auch die Fähigkeit der Steuerung durch komplexe Algorithmen, die in der Maschine während des Bearbeitungsprozesses entstehenden Fehler kompensieren
zu können, sind als intelligent zu bezeichnen.

Betrachtet man nun die Auswirkung der Funktionsbausteine auf die NC-Bearbeitung, so stellt man fest, daß sich
diese, wie in Bild 2.6 dargestellt, vollkommen unterschiedlich auswirken.

1. Programmerzeugend wirken sich zum Beispiel in
   Steuerungen integrierte maschinelle Program-
   miersysteme aus.

2. Zyklengeneratoren, also Funktionsbausteine,

die jeweils mehrere NC-Satz-Gruppen erzeugen,
stellen zum Beispiel Schnittaufteilungspro-
gramme oder integrierte Meßzyklen dar.

3. Ein Zyklus selbst generiert eine Folge von
   NC-Sätzen, wie zum Beispiel beim Bohren und
   Gewindeschneiden.

4. Auf den NC-Satz wirkt sich zum Beispiel das
   Satzvorbereitungsprogramm mit der Einrechnung der Werkzeugkorrekturen aus.

5. NC-Satzverändernd wirken sich Prozeßgrößen
   aus, die in den Fertigungsablauf eingreifen.

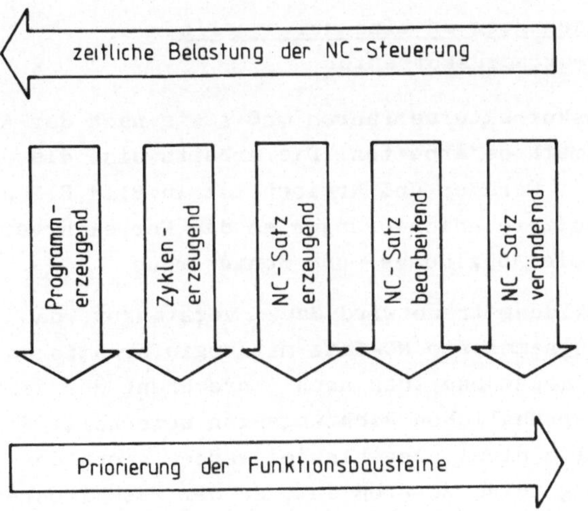

<u>Bild 2.6:</u> Eingriffsebenen steuerungsinterner Funktions-
bausteine

3. FUNKTIONSBAUSTEIN   WERKZEUGRADIUSKORREKTUR

Die in dieser Arbeit vorgestellte Werkzeugradiuskorrektur erlaubt einen wahlfreien Einsatz der Bahn- und Konturprogrammierung bzw. eine Mischung der beiden Verfahren /19/. Sie arbeitet bei negativen und positiven Korrekturwerten eindeutig und konturtreu. Es gibt keine
Restriktionen in ihrer Anwendung, die vom Programmierer
bzw. Postprozessor beachtet werden müßten. Außerdem ist
die entwickelte Werkzeugradiuskorrektur als Fräserradiuskorrektur und gleichermaßen für eine Schneidenradiuskompensation beim Drehprozeß die optimale Korrekturmethode /20/.

3.1 Anforderungen an eine universelle
Werkzeugradiuskorrektur

Ein Radiuskorrekturverfahren muß stets nach der Äquidistantenmethode arbeiten. Die Arbeitsweise dieses Verfahrens bei Geraden und Kreisen ist in Bild 3.1 dargestellt. Weitere Anforderungen an das Korrekturverfahren sind die Abbildungs- und Konturtreue.

Unter Abbildungstreue wird dabei verstanden, daß jeder
vorher programmierte NC-Satz mit Weginformationen in der
Interpolationsebene auch nach Einrechnung des Versatzes
seinen ursprünglichen Richtungssinn beibehält. NC-Sätze
sollten also nicht ausgeblendet werden, wenn der gewähl-
te Werkzeugradius zu groß ist, da der Maschinenbediener
eine radiusabhängige Bahn nicht vorhersehen kann /21/.

Unter Konturtreue wird die Eigenschaft des Korrektur-
verfahrens verstanden, trotz eines eingerechneten Versatzes die Kontur so abzubilden, daß die erzeugte Geometrie der programmierten entspricht. Hierbei spielen
besonders die Übergänge zwischen aufeinanderfolgenden

Sätzen eine Rolle, besonders dann, wenn der Übergang
von Satzsegment zu Satzsegment unstetig, wie in Bild
3.1 dargestellt, verläuft.

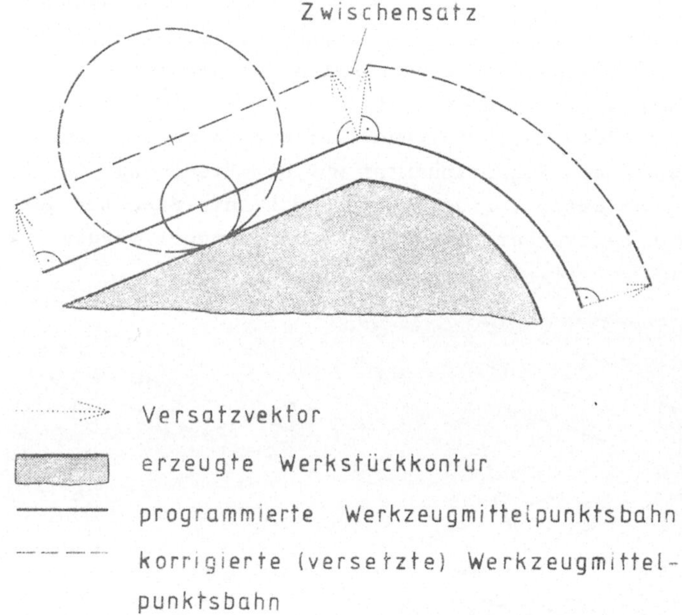

Bild 3.1: Arbeitsweise der Werkzeugkorrektur

Der Bahnübergang wird durch die Äquidistantenmethode
nicht definiert. Die Aufgabe des folgenden Abschnittes
ist es, zu diskutieren, welcher der in Frage kommenden
Satzübergänge für eine Korrekturrechnung am geeignetsten ist und außerdem fehlerfrei arbeitet.

3.1.1 Diskussion der möglichen Bahnübergänge

Für eine Bahnsteuerung mit Linear- und Zirkularinterpolation kommen naturgemäß nur zwei Verfahren der Zwischensatzgenerierung in Frage. Dabei besteht das eine

Verfahren darin, die versetzten End- bzw. Anfangspunkte aufeinanderfolgender Sätze mit einer Geraden zu verbinden. Eine weitere Verbindungsmöglichkeit besteht darin, zwischen den versetzten Bahnpunkten ein Kreissegment einzufügen. Eine weitere Möglichkeit, die Bahnübergänge zu gestalten, ist die Methode der Schnittpunktberechnung zwischen den korrigierten Satzsegmenten zweier aufeinanderfolgender NC-Sätze. Sie hat den Vorteil, daß keine Zwischensätze generiert werden müssen. Zur Bestimmung des Schnittpunktes muß die Steuerung jedoch immer zwei Sätze vorausarbeiten, d.h. die Struktur der gesamten Satzvorbereitungslogik muß geändert werden /22/.

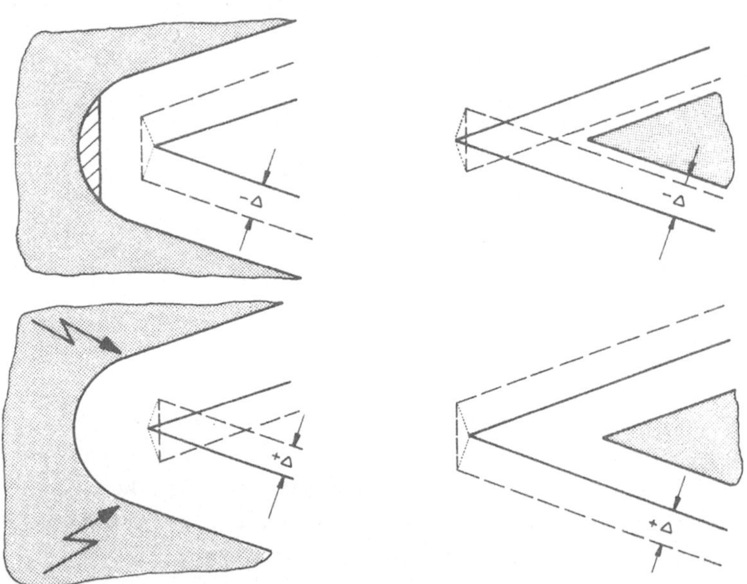

Bild 3.2: Lineare Zwischensatzgenerierung

Die Zwischensatzgenerierung als Gerade, deren Wirkungsweise in Bild 3.2 dargestellt ist, arbeitet nur bei

Bahnprogrammierung und negativen Korrekturwerten fehlerfrei. Konturfehler, d.h. Zerstörungen an Innen- und Außenecken von Bahnübergängen treten jedoch bei Konturprogrammierung und bei Bahnprogrammierung mit positiven Korrekturwerten auf.

Ein Zwischensatz in Form eines Kreissegments arbeitet, wie in Bild 3.3 dargestellt, bei Bahn- und Konturprogrammierung, bei positiven Korrekturen an Außenecken und negativen Korrekturen an Innenecken wegoptimal. Die anderen Fälle führen zu einer Zerstörung der Kontur.

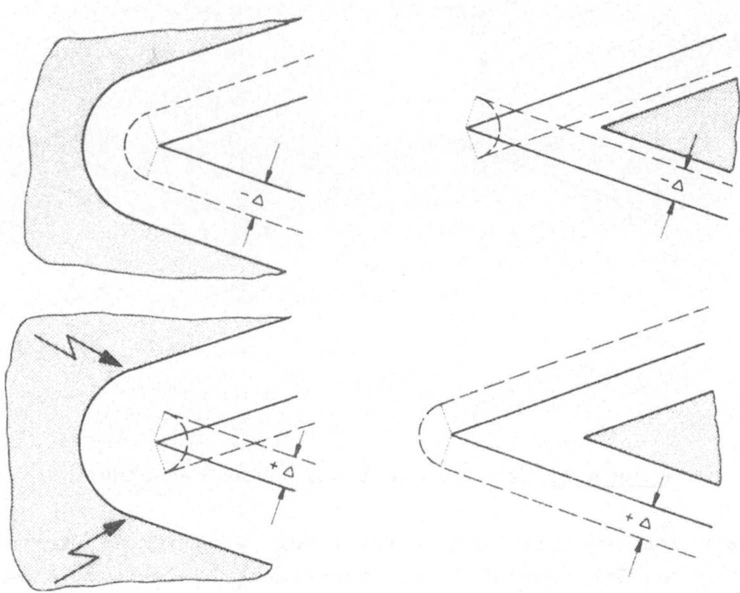

Bild 3.3: Zirkulare Zwischensatzgenerierung

In Bild 3.4 ist die Wirkungsweise der Schnittpunktberechnung auf den Bahnübergang dargestellt. Konturfehler treten hier nur bei Bahnprogrammierung mit negati-

ven Korrekturwerten auf. Die vom Programmierer gewünschte Eckenrundung wird aber verändert. Als Problemfälle
können sich jedoch positive Korrekturen an Außenecken
erweisen, da bei spitzen Winkeln der berechnete Schnittpunkt außerhalb des Arbeitsbereiches der Werkzeugmaschine liegen kann /23/.

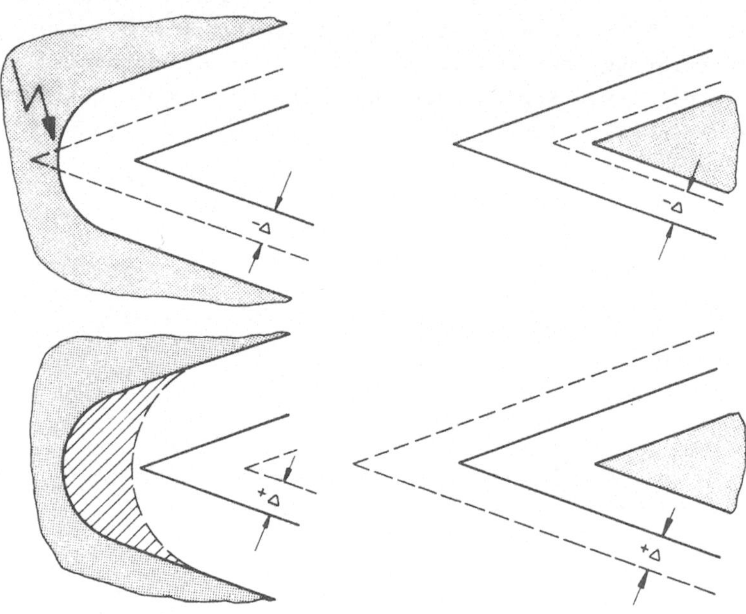

Bild 3.4: Methode der Schnittpunktberechnung

Ein weiterer Problemfall tritt auf, wenn für die korrigierten Satzsegmente kein Schnittpunkt existiert. Diesen Fällen kann nur mit einer Sonderlogik begegnet werden, vom Maschinenbediener sind sie jedoch nicht vor-
herzusehen, da ihr Auftreten vom Durchmesser des verwendeten Werkzeuges abhängig ist.

3.1.2 Die kombinierte Werkzeugradiuskorrektur

Ziel dieser Untersuchung war es, ein Werkzeugradiuskorrekturverfahren zu entwickeln, das für alle Arbeitsbeispiele und Programmiermethoden ein eindeutiges Verfahren definiert und in allen Fällen fehlerfrei arbeitet.

Betrachtet man Tabelle 3.1 und die Darstellungen der Bilder 3.3 und 3.4, so erkennt man sofort, daß eine Kombination der Methode "zirkularer Zwischensatz" und der Methode "Schnittpunktberechnung" zu einer optimalen Lösung für eine Werkzeugradiuskorrektur führen.

Programmier- / Korrektur- Verfahren	Bahn-programmierung				Konturpro-grammierg.	
	Außen +Δ	Außen −Δ	Innen +Δ	Innen −Δ	Auß. +Δ	Inn. +Δ
Linearer Zwischensatz	+	+	− −	+	− −	− −
Zirkularer Zwischensatz	++	+	− −	++	++	− −
Schnittpunkt-berechnung	−	++	++	− −	−	++

++ = arbeitet optimal
+ = arbeitet konturtreu, nicht optimal
− = arbeitet nur mit Sonderlogik
− − = Konturzerstörung

Tabelle 3.1: Arbeitsergebnisse unterschiedlicher Korrekturverfahren

Die Arbeitsweise der "kombinierten Werkzeugradiuskor-

rektur" ist in Bild 3.5 festgehalten. Sie vereint die
Vorteile des zirkularen Zwischensatzes, also kürzere
Bearbeitungswege und kontinuierliche Satzübergänge mit
denen der Schnittpunktberechnung /24/.

Die Folgen der Implementierung einer derartigen Werkzeugradiuskorrektur beeinflussen nachhaltig die Struktur des Betriebsprogrammes der Steuerung.

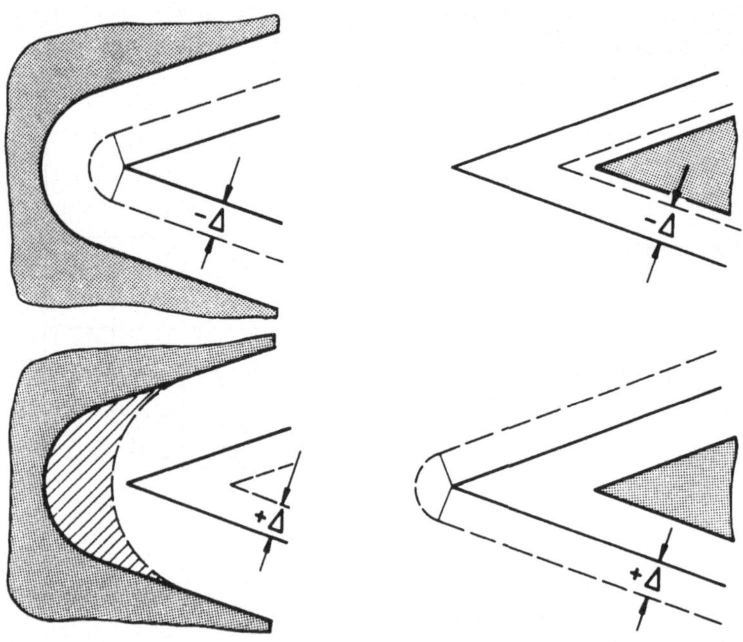

Bild 3.5: Kombinierte Werkzeugradiuskorrektur

Die daraus resultierenden Modifikationen der Steuerung
sind /20/:

- Einführung einer Logik zur Unterscheidung

der aktuellen Bahnübergänge,

- ein Satzvorbereitungsprogramm, das jeweils
  zwei Sätze vorab bearbeitet und

- die Möglichkeit, Zwischensätze an die Interpolatoren auszugeben.

3.2 Aufgaben der NC-Satzvorbereitungslogik

Das Satzaufbereitungsprogramm einer CNC-Steuerung wan-
delt und modifiziert die über den Steuerlochstreifen
ankommenden NC-Sätze in das Datenformat, das von den
Interpolatoren bzw. den Lageregelkreisen verarbeitet
werden kann. Eine der Hauptaufgaben ist dabei die Einrechnung der Nullpunktverschiebungen, die Einrechnung
von Längen- und Radiuskorrekturen, die Umwandlung einer inkrementalen bzw. einer absoluten Programmeingabe
und gegebenenfalls eine Umrechnung von inch-Angaben in
metrische Größen oder umgekehrt.

Dieser Aufgabenkatalog kann noch sinnvoll erweitert
werden. Es handelt sich dabei jedoch immer um Aufgaben,
die die Anwendungsbreite des Teileprogramms erweitern,
die Programmlänge reduzieren oder die Arbeitsvorbereitung von ständig wiederkehrenden Aufgaben entlasten.

3.2.1 Definitionen

In den folgenden Abschnitten zur Werkzeugradiuskorrektur werden die in Bild 3.6 dargestellten G-Funktionen
und Begriffe häufig benutzt.

Zuerst die G-Funktionen, die auch Wegbedingungen ge-

nannt werden: Unter den G-Funktionen GOO und GO1 versteht man nach DIN 66 025 /28/ das lineare Positionie-
ren im Eilgang bzw. das lineare Verfahren mit der programmierten Vorschubgeschwindigkeit. Hier wird also
der Linearinterpolator benutzt. Soll mit Hilfe der Zirkularinterpolation verfahren werden, so wird GO2 für
die Kreisfahrt im Uhrzeigersinn und GO3 für die Kreisfahrt im Gegenuhrzeigersinn programmiert. Liegt die
Bearbeitungsseite bzw. Kontur rechts von der programmierten Bahn, dann wird die Werkzeugradiuskorrektur
über G41 wirksam gemacht, andernfalls über G42.
Terminiert wird das Korrekturprogramm durch die Anwahl
von G40.

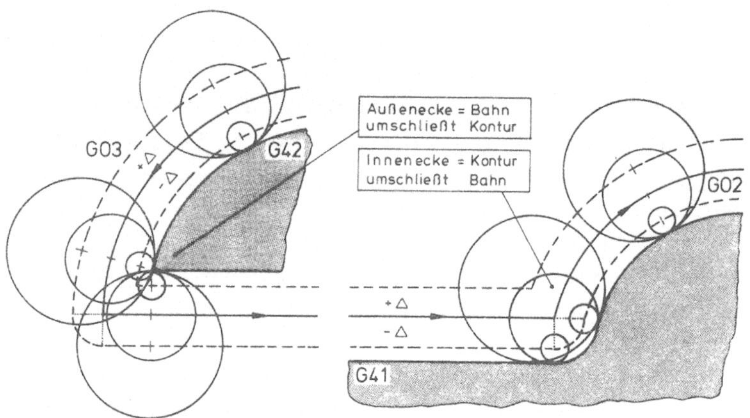

<u>Bild 3.6:</u> Begriffe und Definitionen der Bahn-
erzeugung nach DIN 66 025 /28/

Die Begriffe 'Innenecke' und 'Außenecke' gehören i.a.
nicht zur Terminologie der NC-Technik. Zur Unterscheidung des vorliegenden Falles sind sie aber notwendig.

Dabei bedeutet 'Innenecke', daß die Bahn von der Kon-

tur des Werkstücks umschlossen wird, 'Außenecke' dagegen bedeutet, daß die Kontur von der Bahn umschlossen
wird. Zusätzlich ist noch angedeutet, in welchen Rich-
tungen sich positive und negative Korrekturwerte auswirken.

3.2.2 Die Arbeitsweise der kombinierten Werk-
zeugradiuskorrektur beim Ein- und Aus-
tritt

Bei der Abarbeitung kontinuierlich verlaufender Bahnen
unterscheidet sich diese Korrektureinrichtung von keiner der auf dem Markt befindlichen. Dieser Idealfall
tritt jedoch selten auf. Bei maschinellen Programmier-
systemen werden oftmals Werkzeugmittelpunktsbahnen
durch die Schmiegekreistechnik in kontinuierliche Bahnen umgewandelt, jedoch läßt die sich heute schon
durchsetzende Konturprogrammierung diese Technik nicht
zu.
Die Ein- und Austrittsbewegung wird entsprechend Bild
3.7 definiert.

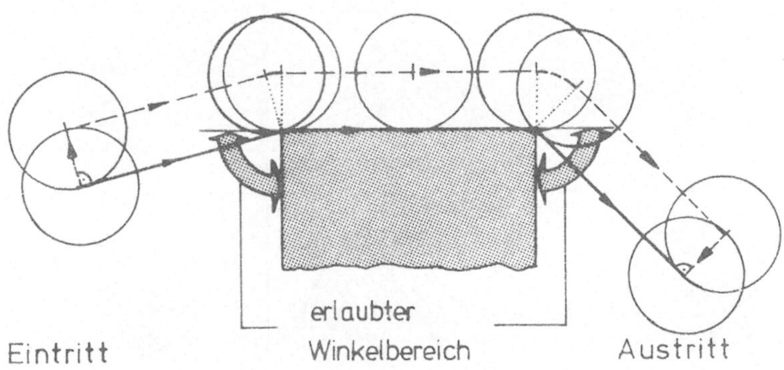

<u>Bild 3.7:</u> Ein- und Austrittsverhalten der
Fräserradiuskorrektur

Fallunterscheidung: <u>Gerade</u> / <u>Gerade</u>

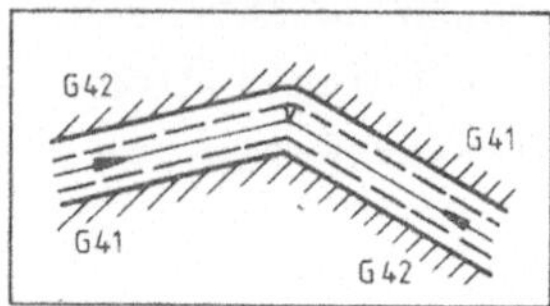

Fallunterscheidung: <u>Gerade</u> / <u>Kreis</u>

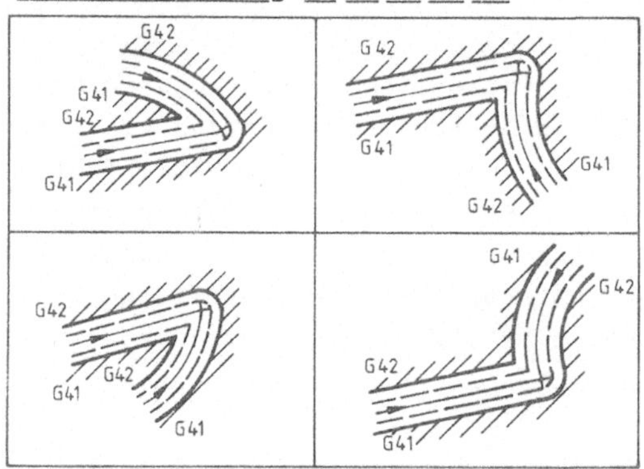

Fallunterscheidung: <u>Kreis</u> / <u>Kreis</u>

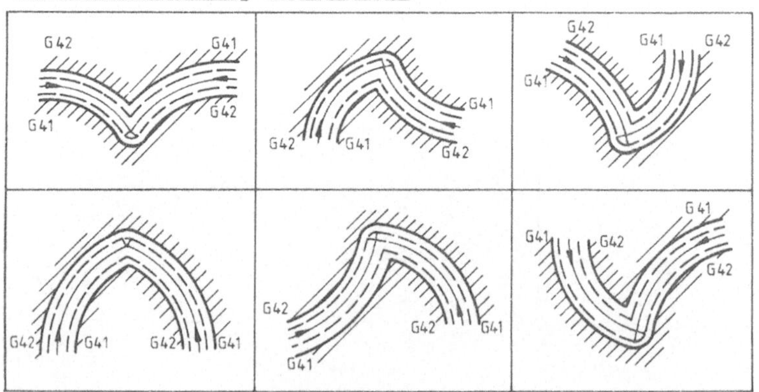

<u>Bild 3.10</u>: Fallunterscheidung der möglichen Bahnübergänge

3.3 Verfahren zur Feststellung des aktuellen Bahnübergangs

Die Ausführungen dieses Abschnitts beschäftigen sich mit der Methode der Feststellung des Bahnübergangs und der Ermittlung der auf den Bahnübergang einwirkenden Parameter. Gleichzeitig soll versucht werden die den Bahnübergang bestimmenden Parameter zu reduzieren.

3.3.1 Bestimmung der möglichen Kombinationen

Der Bahnübergang zwischen zwei NC-Sätzen, also die Frage, ob zwischen die versetzten Satzelemente ein Kreis eingefügt wird oder die Satzelemente zum Schnitt gebracht werden, ist von mehreren Einflußgrößen abhängig:

- dem modalen G-Code der Bahnelemente, also welche Kombinationen G00/G01, G02 und G03 miteinander variiert werden,

- der Bearbeitungsseite, also G41 oder G42,

- dem Vorzeichen des Korrekturwertes und

- ob der Übergang an einer Innenecke oder Außenecke vorliegt.

In Bild 3.10 sind die Kombinationen der Einflußgrößen dargestellt. Unter der Voraussetzung einer Gleichbehandlung der Wegbedingungen G00/G01 ergeben sich für die Variation der Fallgruppe Gerade/Gerade 8 Möglichkeiten, für die Variation der Fallgruppe Gerade/Kreis 32 und die Fallgruppe Kreis/Kreis 48 Möglichkeiten. Insgesamt sind also 88 Fälle zu unterscheiden /25/.

3.3.2 Systematisierung der Fallunterscheidung

Ordnet man die ermittelten Fälle systematisch nach den
vorher festgelegten Einflußgrößen, so stellt man fest,
daß der resultierende Bahnübergang in Wirklichkeit unabhängig von der Form, also Gerade oder Kreis, der beteiligten Satzelemente ist.

Damit kann also eindeutig zugunsten eines zirkularen
Übergangs (CJ = circular joining) im Uhrzeigersinn
(CW = clockwise) bzw. im Gegenuhrzeigersinn (CCW =
counterclockwise) oder für Schnittpunktberechnung
(ISP = intersectionpoint) entschieden werden.
Damit reduzieren sich die insgesamt 88 Fälle auf ver-
bleibende 8 Fälle, die zur Unterscheidung aus Tabelle
3.2 zu entnehmen sind.

Nr.	G-Fkt.	I/O	Korr.	Übergang
1	G 41	IN	$+\Delta$	ISP
2	G 41	IN	$-\Delta$	CJ/CCW
3	G 41	OUT	$+\Delta$	CJ/CW
4	G 41	OUT	$-\Delta$	ISP
5	G 42	IN	$+\Delta$	ISP
6	G 42	IN	$-\Delta$	CJ/CW
7	G 42	OUT	$+\Delta$	CJ/CCW
8	G 42	OUT	$-\Delta$	ISP

Tabelle 3.2: Tabelle zur Ermittlung des
Bahnüberganges

Die Tabelle ist zwar aussagekräftig, kann zu einer numerischen Bestimmung aber nicht herangezogen werden, da die Begriffe Innen- und Außenecke wertemäßig nicht belegt sind.
Eine Möglichkeit, diesen Begriffen einen mathematisch meßbaren Inhalt zu geben, bietet das Kreuzprodukt, auch Vektorprodukt genannt. Dabei bilden die beiden Versatzvektoren zweier aufeinanderfolgender NC-Sätze die Aufspannebene des Vektorprodukts $\vec{kr}$.

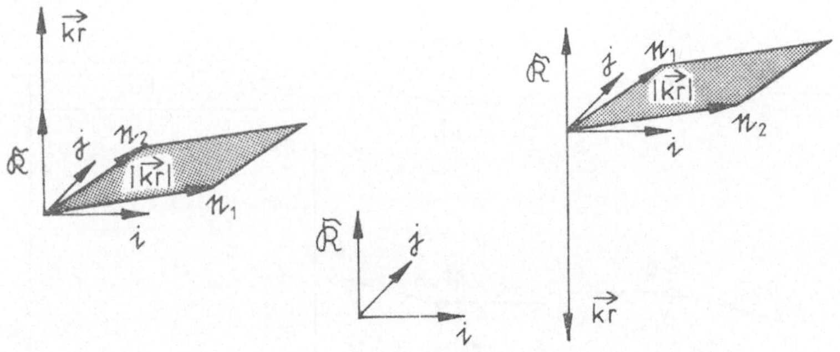

Bild 3.11: Graphische Darstellung des Vektorprodukts

Das Vektorprodukt der beiden Versatzvektoren

$$\mathcal{n}_1 = (\Delta x_1,\ \Delta y_1,\ 0)\ \text{und}$$

$$\mathcal{n}_2 = (\Delta x_2,\ \Delta y_2,\ 0)\ \text{ergibt:}$$

$$\vec{kr} = \mathcal{n}_1 \cdot \mathcal{n}_2 = \begin{vmatrix} i & j & \mathcal{R} \\ \Delta x_1 & \Delta y_1 & 0 \\ \Delta x_2 & \Delta y_2 & 0 \end{vmatrix}$$

$$= (\Delta x_1 \cdot \Delta y_2 - \Delta x_2 \cdot \Delta y_1) \cdot \mathcal{R} \qquad (1)$$

Damit ergeben sich, wie in Bild 3.11 dargestellt, die
Aussagen:

$$\overline{kr} > 0 \quad \begin{cases} \text{wenn die Vektoren } \pi_1 \text{ und } \pi_2 \text{ linksdrehend,} \\ \text{also } 180° > \varphi \, (\pi_1, \pi_2) > 0° \end{cases}$$

$$\overline{kr} < 0 \quad \begin{cases} \text{wenn die Vektoren } \pi_1 \text{ und } \pi_2 \text{ rechtsdrehend,} \\ \text{also } -180° < \varphi \, (\pi_1, \pi_2) < 0° \end{cases}$$

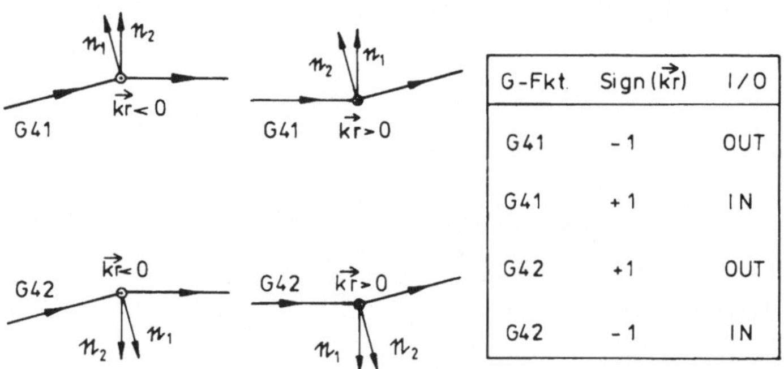

G-Fkt.	Sign ($\overrightarrow{kr}$)	I/O
G41	-1	OUT
G41	+1	IN
G42	+1	OUT
G42	-1	IN

Bild 3.12: Bestimmung der Begriffe 'Innen-'
und 'Außenecke'

Zusammen mit der Aussage G41 oder G42, also der Bearbeitungsrichtung, wird die Eigenschaft des Vektorprodukts genutzt, daß rechtsdrehende bzw. linksdrehende
Vektorsysteme negative bzw. positive Ergebnisse liefern. Die aus dieser Betrachtung resultierende Tabelle ist in Bild 3.12 dargestellt.

Damit kann Tabelle 3.2 mit den Ergänzungen der Betrachtung über den Innen- und Außeneckencharakter zur Unter-
scheidungstabelle 3.3 vervollständigt werden. Mit nur
drei Abfragen kann dann festgestellt werden, welcher
Bahnübergang vorliegt und auf welche Weise die Steuerung

arbeiten muß. Diese Abfrage wird zyklisch zwischen aufeinanderfolgenden Sätzen wiederholt.

Nr.	G-Fkt.	$\text{Sign}(\vec{kr})$	Korr.	Übergang
1	G 41	+1	+ Δ	ISP
2	G 41	+1	- Δ	CJ/CCW
3	G 41	-1	+ Δ	CJ/CW
4	G 41	-1	- Δ	ISP
5	G 42	-1	+ Δ	ISP
6	G 42	-1	- Δ	CJ/CW
7	G 42	+1	+ Δ	CJ/CCW
8	G 42	+1	- Δ	ISP

Tabelle 3.3: Modifizierte Tabelle zur Ermittlung
des Bahnübergangs

Eine nicht eindeutige Lösung liegt vor, wenn das Vektorprodukt verschwindet ($\vec{kr} = \vec{0}$). In diesem Fall gibt
es zwei Möglichkeiten, die in Bild 3.13 skizziert sind:

1. Die Vektoren des Werkzeugversatzes sind parallel
   - damit ergibt sich der triviale Fall des konti-
   nuierlichen Bahnübergangs, d.h. Schnittpunktberechnung oder das Einfügen eines Kreissegments
   entfallen.

2. Die Vektoren des Werkzeugversatzes sind anti-
   parallel - was sowohl zur Schnittpunktberechnung als auch zum Einfügen eines Kreissegments
   führen kann.

Um für diesen Fall auf die Einführung einer Sonderlogik

verzichten zu können, bietet sich als Lösung an, auf
Schnittpunktberechnung zu entscheiden und bei der Feststellung, daß kein Schnittpunkt existiert, das entsprechende Kreissegment zu berechnen und einzufügen.

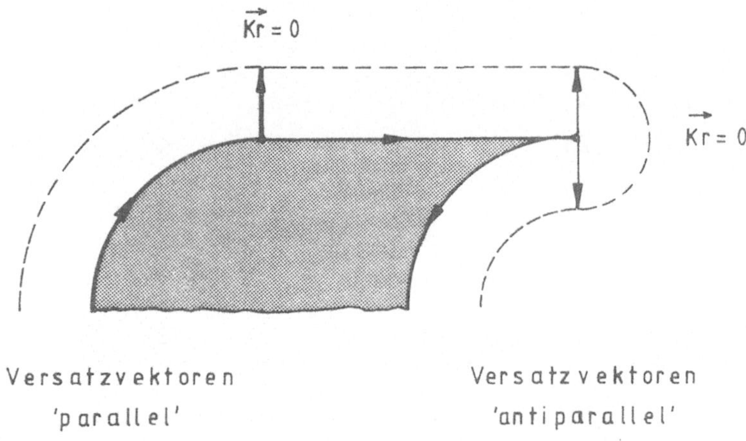

Bild 3.13: Die Sonderfälle mit verschwindendem
Vektorprodukt

3.3.3 Bestimmung der Versatzvektoren bei Linear- und Zirkularinterpolation

In Bild 3.14 ist das Bildungsgesetz der Versatzvektoren
für die Linear- und Zirkularbewegung dargestellt. Die
Richtung der Versatzvektoren ist dabei abhängig von der
Bearbeitungsseite, also je nachdem, ob G41 oder G42
programmiert wurde.

Daraus berechnen sich die Versatzvektoren bei Linearbewegung:

wenn G41: $\mathcal{N} = (dx, dy)$, mit $dx = -\dfrac{D}{L} \cdot \Delta y$

und $dy = +\dfrac{D}{L} \cdot \Delta x$

wenn G42: $\mathcal{N} = (dx, dy)$, mit $dx = +\dfrac{D}{L} \cdot \Delta y$

und $dy = -\dfrac{D}{L} \cdot \Delta x \qquad\qquad (2)$

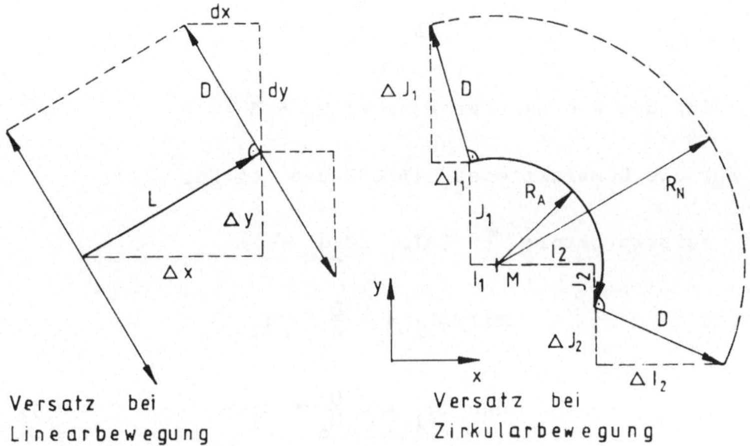

Bild 3.14: Bestimmung der Versatzvektoren bei
Linear- und Zirkularbewegung

Die Berechnung des Versatzvektors bei Zirkularbewegung
ist nicht wie bei der Linearbewegung allein von der
Bearbeitungsseite, sondern auch vom Drehsinn des Kreises abhängig. Außerdem muß die Berechnung der Versatzvektoren für den Anfangs- und Endpunkt der Zirkularbewegung durchgeführt werden, im Gegensatz zur Linearbewegung, wo diese Vektoren identisch sind.

Die Versatzvektoren bei Zirkularbewegung werden wie

folgt, am Beispiel des Versatzvektors des Startpunkts aufgezeigt, berechnet. Für die Bearbeitungsrichtung G41 und den Drehsinn G02 des Kreises und für die Kombination G42/G03 gilt:

Versatzvektor: $\vec{n} = (\Delta I_1,\ \Delta J_1)$

$$\text{mit } \Delta I_1 = \frac{D}{R_a} \cdot I_1$$

$$\text{und } \Delta J_1 = \frac{D}{R_a} \cdot J_1, \tag{3}$$

für den Radius ergibt sich: $R_n = R_a + D$ $\tag{4}$

Für die Kombinationen G41/G03 und G42/G02 gilt:

Versatzvektor: $\vec{n} = (\Delta I_1,\ \Delta J_1)$

$$\text{mit } \Delta I_1 = -\frac{D}{R_a} \cdot I_1$$

$$\text{und } \Delta J_1 = -\frac{D}{R_a} \cdot J_1 \tag{5}$$

für den Radius ergibt sich: $R_n = R_a - D.$ $\tag{6}$

3.4 Ermittlung der versetzten Bahneckpunkte

Die Rechenoperationen wie Multiplikation, Division bzw.
Wurzelfunktion in Floating-Point-Darstellung sind als
reine Softwarefunktionen relativ zeitaufwendig, d.h. sie
gehen überproportional in die Gesamtrechenzeit ein. Der
Einsatz von Hardware-Mul-Div-Einheiten verkürzt die Re-
chenzeiten erheblich, der Preis solcher Geräte ist jedoch sehr hoch und belastet die Preisbildung einer
Steuerung.

Eine Alternative bietet das vorherige Abarbeiten und
Umformen des gesamten Teileprogramms ohne Bearbeitung.
Diese Methode ist jedoch äußerst speicherintensiv und
gleichzeitig verliert die Steuerung damit ihre Echtzeitcharakteristik.

Der realisierte Weg ist der, durch eine möglichst mul-
tiplikationsarme Schnittpunktberechnung Zeiten einzu-
sparen /20, 26/. Die Schnittpunktberechnungen bei den
programmierten Fällen Gerade/Kreis und Kreis/Kreis bringen eine Zeitersparnis von ca. 60% gegenüber einer rein
analytischen Lösung.

3.4.1 Bestimmung des Schnittpunkts Gerade/Gerade

Gegeben sind die beiden versetzten Geraden g_1 und g_2
in der folgenden impliziten Form:

$$g_1: B(1) \cdot x + B(2) \cdot y + B(3) = 0$$

$$g_2: B(4) \cdot x + B(5) \cdot y + B(6) = 0, \tag{7}$$

wobei der laufende Index 1-3 die geometrische Information des temporären Satzes und der Index 4-6 die des
nächstfolgenden Satzes beinhaltet.

Bild 3.15 zeigt, daß der geometrische Ort aller Schnittpunkte die Winkelhalbierende ist. Dies ist darauf zurückzuführen, daß die ursprünglichen Geraden mit jeweils dem gleichen Versatz beaufschlagt werden.

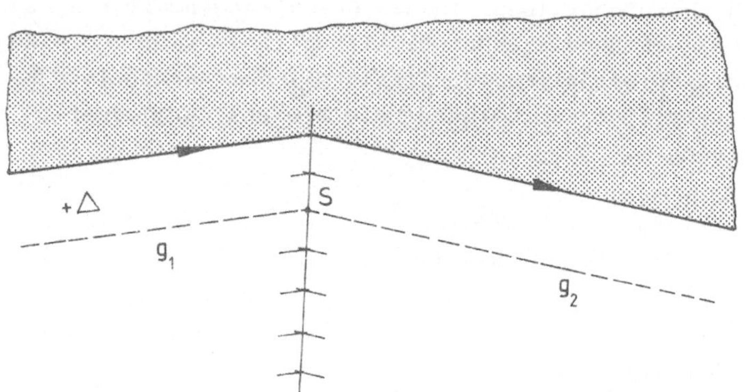

Bild 3.15: Schnittpunktberechnung Gerade/Gerade

Es ist kein Schnittpunkt vorhanden, wenn die Determi-
nante

$$\begin{vmatrix} B(1) & B(2) \\ B(4) & B(5) \end{vmatrix} = 0 \qquad (8)$$

ist, denn dann sind die beiden Geraden parallel oder
fallen zusammen.

Für den Schnittpunkt S (x_S, y_S) gilt:

$$x_S = \begin{vmatrix} B(2) & B(3) \\ B(5) & B(6) \end{vmatrix} : \begin{vmatrix} B(1) & B(2) \\ B(4) & B(5) \end{vmatrix}$$

$$y_S = \begin{vmatrix} B(3) & B(1) \\ B(6) & B(4) \end{vmatrix} : \begin{vmatrix} B(1) & B(2) \\ B(4) & B(5) \end{vmatrix} \qquad (9)$$

Zur Schnittpunktberechnung Gerade/Gerade werden also
6 Multiplikationen und 2 Divisionen benötigt.

3.4.2 Schnittpunktberechnung Gerade/Kreis

Für diesen Berechnungsfall wird das Parameterfeld B(I)
so übergeben, daß der laufende Index 1-3 die Parameter
der Geraden beinhaltet und der Index 4-6 die Parameter
des Kreises, also:

$$g: B(1) \cdot x + B(2) \cdot y + B(3) = 0$$

$$k: (x - B(4))^2 + (y - B(5))^2 = B(6)^2 \qquad\qquad (10)$$

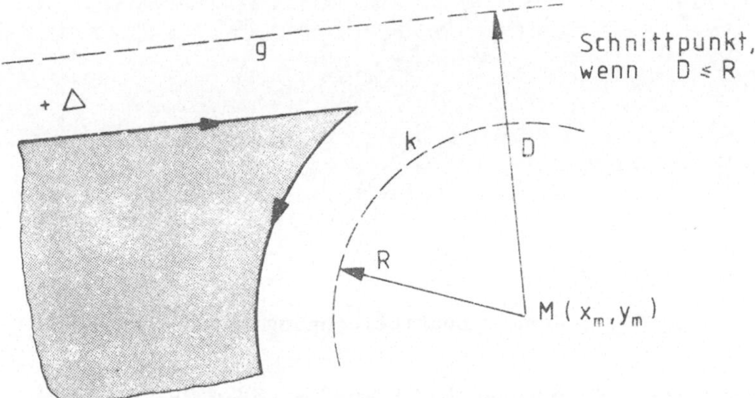

Bild 3.16: Schnittpunktkriterium im Fall Gerade/Kreis

Auch hier muß zuerst geprüft werden, ob ein Schnittpunkt existiert. Als Schnittpunktkriterium gilt der
kürzeste Abstand der Geraden zum Kreismittelpunkt, der
mit dem Kreisradius verglichen wird, wie au. Bild 3.16
zu entnehmen ist.

Um den hohen Rechenaufwand bei einer rein analytischen

Lösung der Schnittpunktberechnung zu vermeiden wurde,
wie im Bild 3.17 dargestellt, verfahren. Gegeben sind
der korrigierte Kreis k und die korrigierte Gerade g.
Gesucht sind die Werte des zu berechnenden Schnittpunktes S.

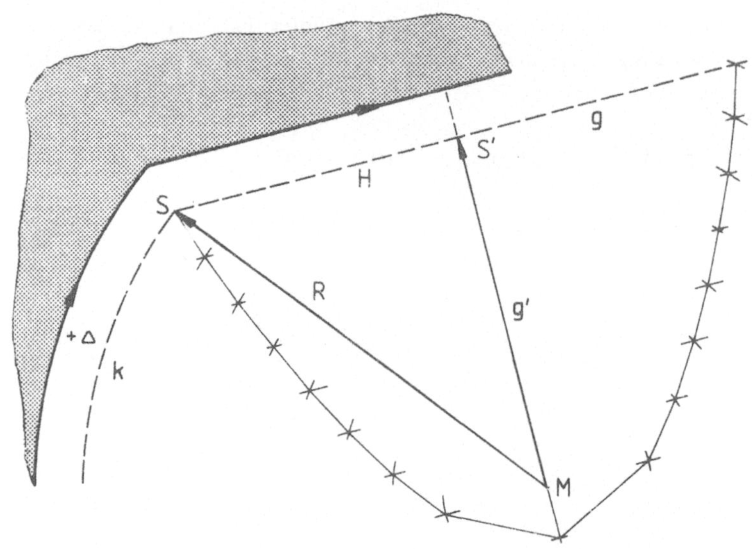

Bild 3.17: Schnittpunktberechnung Gerade/Kreis

Dazu wird die konjugierte Gerade g' zu g durch den Mittelpunkt M des Kreises berechnet - mit dem Verfahren der
Schnittpunktberechnung Gerade/Gerade der Schnittpunkt S'
der beiden Geraden g und g' ermittelt.

Die Hilfshöhe H errechnet sich aus der Strecke:

$$H = \overline{SS'} = \pm \sqrt{B(6)^2 - \overline{MS'}^2} \tag{11}$$

$$\text{mit } \overline{MS'}^2 = (y_{S'} - B(5))^2 + (x_{S'} - B(4))^2 \tag{12}$$

folgt:

$$H = \pm \sqrt{B(6)^2 - (x_{s'} - B(4))^2 - (y_{s'} - B(5))^2} \qquad (13)$$

Die Darstellung in Bild 3.17 zeigt auch deutlich, daß
der geometrische Ort aller Schnittpunkte im Falle Kreis/
Gerade auf einer Parabel liegen, wobei der Kreismittelpunkt mit dem Brennpunkt der Parabel identisch ist und
die Gerade g eine Parallele zur Leitlinie der Parabel
bildet oder mit dieser zusammenfällt.

Der Aufwand zur Bestimmung des Schnittpunktes besteht
dann aus 9 Multiplikationen, 2 Divisionen und einer
Wurzel.

3.4.3 Berechnung des Schnittpunkts Kreis/Kreis

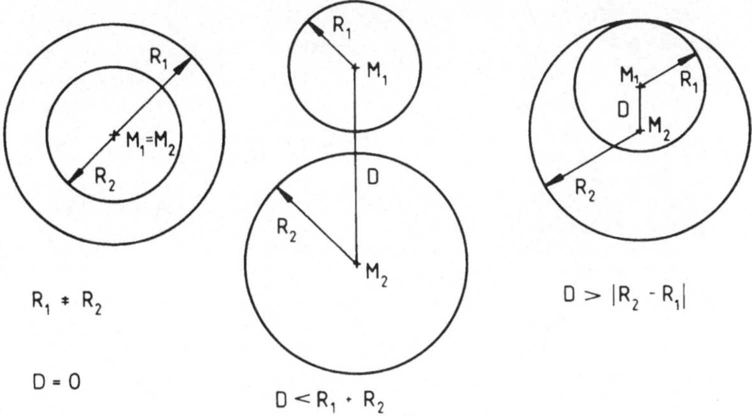

<u>Bild 3.18:</u> Schnittpunktkriterium Kreis/Kreis

Die Parameter des temporären und des nächstfolgenden
NC-Satzes werden entsprechend der Indexnummer 1-3 bzw.
4-6 als Parameter den beiden Kreisgleichungen k_1 und
k_2 zugewiesen.

$$k_1: \ (x - B(1))^2 + (y - B(2))^2 = B(3)^2$$

$$k_2: \ (x - B(4))^2 + (y - B(5))^2 = B(6)^2 \qquad\qquad (14)$$

Zur Kontrolle, ob ein Schnittpunkt existiert, müssen in
diesem Fall die drei Schnittpunktkriterien aus Bild 3.18
überprüft werden.

Dabei ist unter R_1 der Radius des temporären Satzes, un-
ter R_2 der Radius des darauffolgenden Satzes und unter
D der Abstand der Kreismittelpunkte M_1 und M_2 zu verstehen.
Wegen des hohen zeitlichen Aufwandes ist auch in diesem
Fall die rein analytische Lösung zu vermeiden.

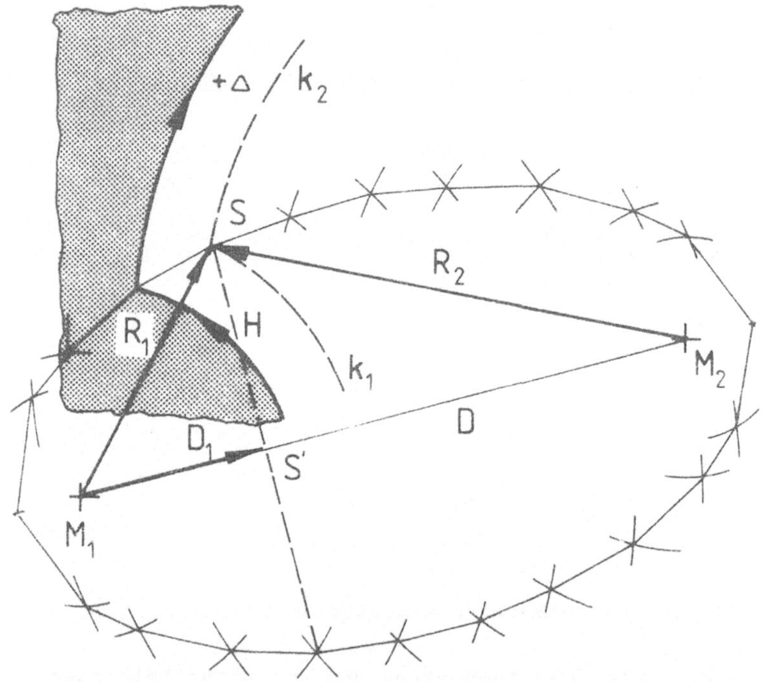

Bild 3.19: Schnittpunktberechnung von Kreisen
mit ungleichem Drehsinn

Gegeben sind die korrigierten Kreise k_1 und k_2 mit ihren Radien R_1 und R_2, sowie ihren Kreismittelpunkten
M_1 und M_2. In Bild 3.19 ist die Schnittpunktberechnung
Kreis/Kreis für den Fall dargestellt, daß der Drehsinn
der Kreise unterschiedlich ist. Als geometrischer Ort
aller Schnittpunkte ergibt sich für diesen Fall eine
Ellipse.

Hingegen ist in Bild 3.20 die Schnittpunktberechnung
Kreis/Kreis für den Fall dargestellt, daß die sich
schneidenden Kreise gleichen Drehsinn besitzen. Damit
ergibt sich als geometrischer Ort aller Schnittpunkte
eine Hyperbel.

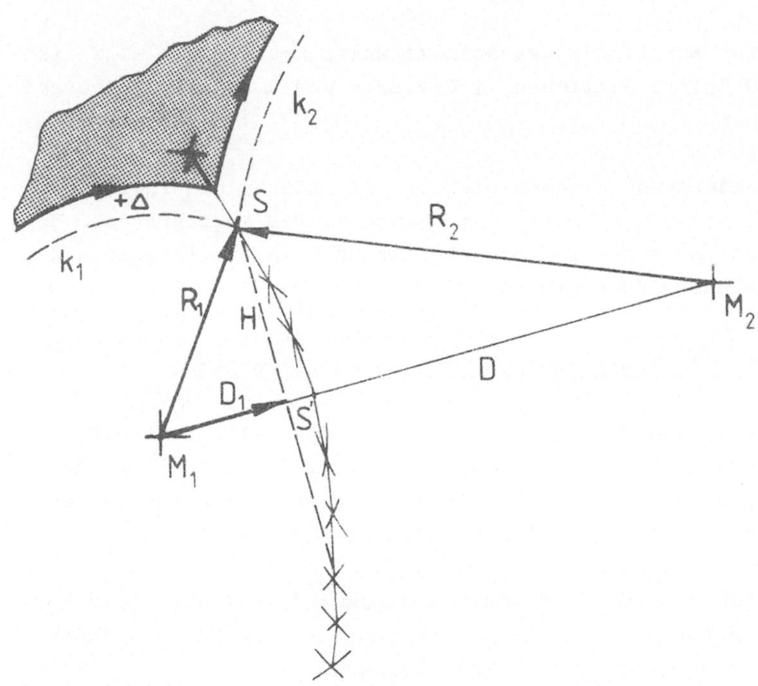

<u>Bild 3.20:</u> Schnittpunktberechnung von Kreisen
mit gleichem Drehsinn

Zur Ermittlung des Schnittpunkts ist zuerst der Abstand der beiden Kreismittelpunkte M_1 und M_2 zu ermitteln.

$$D = + \sqrt{(B(4) - B(2))^2 + (B(5) - B(3))^2} \qquad (15)$$

Danach der Hilfspunkt S' als Fußpunkt der Höhe des Dreiecks über D_1.

$$D_1 = (B(3)^2 - B(6)^2 + D^2) / (2 \cdot D) \qquad (16)$$

Nach Pythagoras ergibt sich für die Höhe:

$$H = \pm \sqrt{B(3)^2 - D_1^2} \qquad (17)$$

Zur Ermittlung des Schnittpunkts Kreis/Kreis sind also 6 Multiplikationen, 1 Division und 2 Wurzeln zu berechnen.

Naturgemäß ergeben sich bei der Lösung quadratischer Gleichungen immer zwei Lösungen. Das Verfahren zur Bestimmung des wahren Schnittpunkts ist im folgenden Abschnitt dargestellt.

3.4.4 Bestimmung des wahren Schnittpunkts

Die Schnittpunktberechnung für die Fälle Gerade/Kreis und Kreis/Kreis liefert i.a. zwei Schnittpunkte. Aufgabe des in Bild 3.21 aufgezeigten Verfahrens ist es, den 'richtigen' Schnittpunkt festzustellen.

Dabei wird die Erscheinung genutzt, daß bei einer Korrekturrechnung Außenecken immer Außenecken und Innenecken immer Innenecken bleiben.

Zur Feststellung des wahren Schnittpunktes wird wie-

derum mit dem Vektorprodukt gearbeitet und zwar in der
Weise, daß der Vergleichsvektor $\overline{a}$ im Fall Gerade/Kreis
durch den Abstandsvektor Gerade - Mittelpunkt dargestellt wird und im Fall Kreis/Kreis durch den Abstandsvektor der beiden Kreismittelpunkte.

Das Kreuzprodukt wird definiert als das Produkt dieses
Vergleichsvektors $\overline{a}$ mit einem Vektor $\overline{b}$ zum neu berechneten, versetzten Schnittpunkt. Sind die Vorzeichen des
neuen und alten Vektorprodukts identisch, so ist der
wahre Schnittpunkt ermittelt, andernfalls ist die 2.
berechnete Lösung richtig.

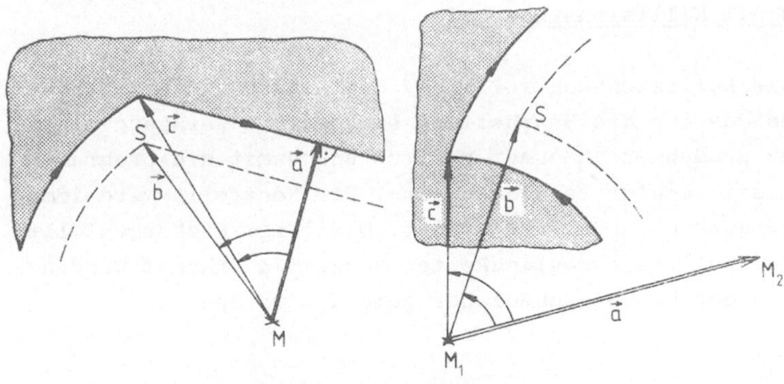

Bild 3.21: Bestimmung des wahren Schnittpunkts

3.5 Zusatzaufgaben der kombinierten
Werkzeugradiuskorrektur

Die entwickelte Korrekturmethode arbeitet nur in einem
definierten Bereich von Korrekturwerten. Um diesen Bereich zu überprüfen, werden die erzeugten Bahnen auf
Kollisionsfreiheit hin untersucht.

Ein weiteres Problem tritt auf, wenn das Werkzeug während der Bearbeitung ausfällt und zu Bruch geht. Diesem Schadensfall wird durch die entwickelte Wiederein-
trittslogik begegnet.

3.5.1 Kollisionskontrolle

Die Kollisionskontrolle hat die Aufgabe zu untersuchen,
ob das für die Bearbeitung eingesetzte Werkzeug einen
zu großen Durchmesser besitzt und damit die programmierte Kontur zerstören kann. Die Kontrolle wird immer
vorausschauend durchgeführt. Damit ist sichergestellt,
daß Kollisionsmöglichkeiten vorzeitig erkannt werden
und dem Maschinenbediener gemeldet werden.

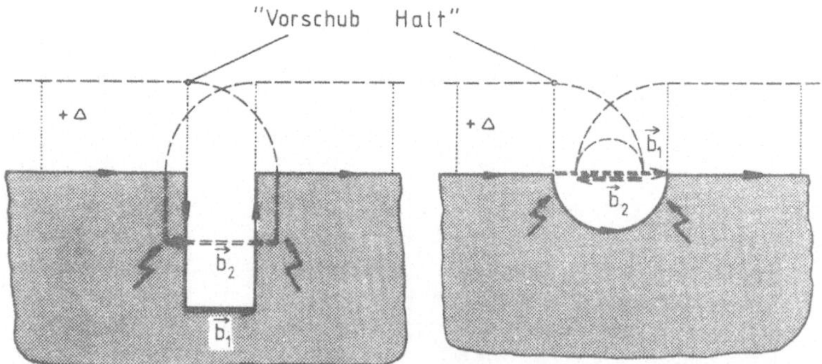

Bild 3.22: Fehler bei falscher Werkzeugwahl

Unterschiedliche Kollisionsmöglichkeiten sind in Bild 3.22 skizziert. Als Kriterium für eine Kollisionskontrolle dient der Richtungssinn der programmierten Bahn. Der Richtungssinn der korrigierten Bahn darf davon dann um einen maximalen Winkel von $\varphi = \pm 90^\circ$ abweichen. Anders ausgedrückt heißt das, daß die korrigierte aktuelle Weglänge der versetzten Bahn auf die Länge L = 0 reduziert werden darf, jedoch eine Bahnrichtungsumkehr zur Zerstörung des Werkstückes führt.

Wertemäßig kann diese Aussage mit Hilfe des Skalarprodukts belegt werden. Dabei stellt $\vec{b_1}$ den Verbindungsvektor zweier programmierter aufeinanderfolgender Punkte dar und $\vec{b_2}$ den Verbindungsvektor der korrigierten Bahnpunkte. Die Arbeitsweise ist in Bild 3.23 dargestellt.

$$Sp = \vec{b_1} \cdot \vec{b_2} = |\vec{b_1}| \cdot |\vec{b_2}| \cdot \cos\varphi$$

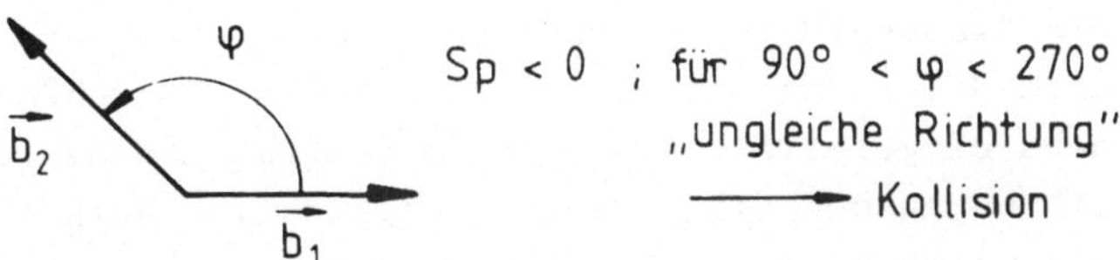

Bild 3.23: Fehlererkennung durch Skalarproduktbildung

Das Erkennen einer möglichen Konturzerstörung duch Kollision bewirkt in der Steuerung die Ausgabe des Signals 'Vorschub halt' vor dem Satz, in dem die Konturzerstörung erfolgen würde.

Abschließend ist zu bemerken, daß diese Methode der Kollisionskontrolle nur die Kontrolle **dreier** aufeinanderfolgender Sätze beinhaltet, diese aber von der Häufigkeit der Fehler her betrachtet schon einen großen Vorteil bietet.

Eine vollständige Kollisionskontrolle ist zwar leicht durchzuführen, es müßte dazu aber das ganze NC-Teileprogramm mit den zugehörigen Werkzeugen schon vor der Bearbeitung einmal durchlaufen werden, was zeitintensiv ist, zu einer Verlängerung der Rüstzeit und zu einem erhöhten NC-Programmspeicherbedarf der Steuerung führt. Daher sollten globale Kollisionsbetrachtungen im Bereich der Arbeitsvorbereitung bleiben, also den NC-Programmiersystemen zur Erstellung der Steuerlochstreifen vorbehalten sein.

3.5.2 Wiedereintrittszyklus

Tritt während der Bearbeitung eines Teiles ein Bruch des Werkzeuges auf, so muß die Vorschubbewegung sofort unterbrochen werden, um größeren Schaden zu vermeiden. Um jedoch das defekte Werkzeug wechseln zu können, muß auch die Bearbeitungsbahn verlassen werden. Dieser Vorgang wird durch das manuelle Eingreifen des Maschinenbedieners eingeleitet. Das Problem besteht nun darin, im Anschluß an den vom Bediener ausgeführten Werkzeugwechsel, unabhängig vom Programm und ohne Beschädigung des Werkstückes in die alte, versetzte Bahn wiedereinzutreten.

Alle modal wirkenden Größen bleiben dabei in der Steuerung trotz des Eingriffs in den Automatik-Betrieb erhalten. Auch die geometrischen Informationen gehen dabei nicht verloren. Das eingetauschte Werkzeug hat i.a.
nicht den gleichen Durchmesser, wie das bis zum Bruch
benutzte Werkzeug. Daher muß eine neue korrigierte
Werkzeugbahn berechnet werden.

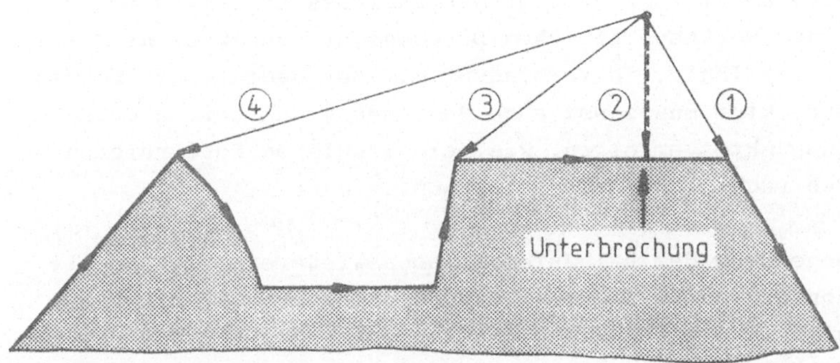

<u>Bild 3.24:</u> Mögliche Verfahren des Wiedereintritts

Weiterhin muß untersucht werden, welcher Bahnabschnitt
für einen automatischen Wiedereintritt am geeignetsten
erscheint. Dazu können die folgenden, im Bild 3.24 dargestellten Verfahren genannt werden:

1. Fahrt zum programmierten Endpunkt,

2. Fahrt zur Position, bei der unterbrochen
   wurde,

3. Fahrt zum Startpunkt oder

4. zu einer anderen definierten Position
   mit der Funktion 'Satzsuchen'.

3.5.3 Diskussion verschiedener Möglichkeiten
des Wiedereintritts

Eine auch noch heute in großer Verbreitung übliche Methode ist das 'kratzende' Anfahren des unterbrochenen
Konturelements, das manuell erfolgt und dem anschlies-
senden Anfahren des Endpunkts des Konturelements. Für
eine Endbearbeitung ist dieses Verfahren ungeeignet.
Außerdem ist es nur für den Fall des Einsatzes mit
einem Werkzeug gleichen Durchmessers uneingeschränkt
einsatzfähig. In Verbindung mit der Radius- und Längen-
korrektur muß sonst eine Bestimmung des korrigierten
Endpunktes erfolgen, was bei zirkularen Konturelemen-
ten recht schwierig sein kann.

Gegenüber dem halbautomatischen Wiedereintritt an die
Kontur von Verfahren 1 sind die anderen 3 Verfahren
selbständig ablaufende Zyklen, die vom Werkzeugwech-
selpunkt aus gestartet werden. Das 2. Verfahren, das
Anfahren des Unterbrechpunktes, ist ein zeitoptimales
Verfahren, da es den direkten Weg zur Unterbrechungs-
stelle wählt /27/. Bei einem Werkzeugbruch ist jedoch
die Kontur schon vor dem Zeitpunkt der Unterbrechung
nicht mehr vollständig bearbeitet, was auf die Reak-
tionszeit des Maschinenbedieners zurückzuführen ist.

Es ist also notwendig, die unterbrochene Bahn schon
vor dem Punkt der Unterbrechung anzufahren, also am
Startpunkt des Satzsegments, in dem der Bruch auftritt,
wie bei Verfahren 3 in Bild 3.25 dargestellt ist. Weiterhin können am Startpunkt des Satzsegments auf einfache Art und Weise neue Korrekturwerte eingerechnet
werden. Der Nachteil dieses sonst optimalen Verfahrens
liegt in der Annahme, daß es ausreicht, zum Startpunkt
des aktuellen Satzsegments zurückzufahren. Es könnte
sich auch als durchaus sinnvoll erweisen ein vorher-

gehendes Satzsegment miteinzubeziehen oder den neuen
Anfangspunkt noch weiter zurückzuverlegen.

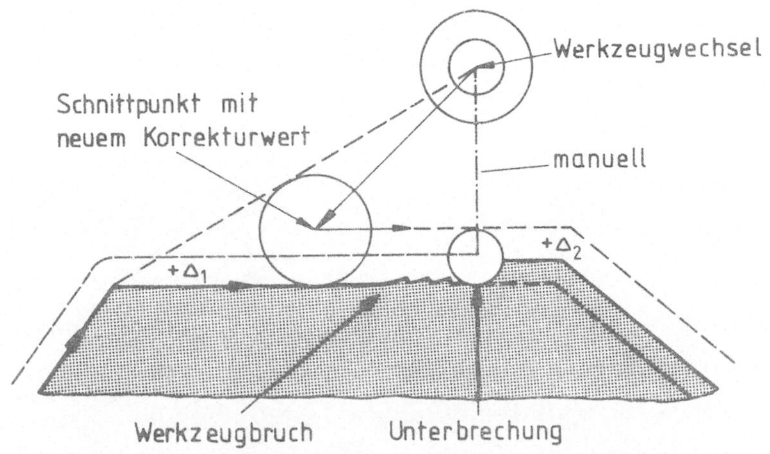

Bild 3.25: Wiedereintritt nach Verfahren 3

Soll ein derartiges Verfahren automatisch ablaufen, so
geht dies zu Lasten des Speicherplatzes, da alle mehr-
fach zu verfahrenden Konturelemente zwischengespeichert
werden müssen, zusätzlich mit den dazugehörigen modalen
Zustandsgrößen. Daher erscheint eine Realisierung in
dieser Form als ungeeignet.

Wie aus der Diskussion der Verfahren hervorgeht, erfüllt kein Verfahren den Anspruch das einzig richtige
zu sein. Zur Realisierung erscheint am besten eine Kombination des 3. Verfahrens mit der gleichzeitigen Möglichkeit über die Funktion 'Satzsuchen' an einem belie-
bigen Punkt der Kontur die Bearbeitung wiederaufnehmen
zu können, geeignet zu sein.

Bei allen genannten Verfahren liegt es in der Verant-
wortung des Bedienmannes, durch das Auslösen des Wie-

dereintritts eine Kollision mit anderen Konturelemen-
ten zu vermeiden. Eine generelle Überwachung überschrei-
tet die Möglichkeiten der CNC-Steuerung.

4. FUNKTIONSBAUSTEIN   TEMPERATURKOMPENSATION

Die Möglichkeiten der Speicherprogrammierung von CNC-
Steuerungen haben nicht nur eine Verbesserung der
Handhabung der Werkzeugmaschine zur Folge. Sie haben
auch Rückwirkungen auf den Bearbeitungsprozeß in der
Maschine selbst. Dieser wird von Störgrößen beeinflußt,
die auf den Prozeß einwirken. Störgrößen, deren Ursachen bekannt sind und systematisch auftreten, können
mit Hilfe geeigneter Aufnehmer erkannt und über einen
programmierten Algorithmus entsprechend gemildert,
ggfs. sogar eliminiert werden.

4.1 Kompensation thermischer Verformungen an
numerisch gesteuerten Werkzeugmaschinen

Die Arbeitsunsicherheit von Werkzeugmaschinen hängt unter anderem von der Exaktheit der Relativbewegung und
Lage zwischen Werkzeug und Werkstück ab. Tritt eine Abweichung von der Sollbewegung auf, so wirkt sich diese
auf die geometrische Gestalt des Werkstücks aus. Eine
Folge davon sind Maß-, Lage- und Formabweichungen bzw.
Kombinationen dieser Fehler.

Die Ursachen der Fehler, die die Arbeitsunsicherheit
der Werkzeugmaschine beeinflussen, sind die Störgrößen
des Fertigungsprozesses /29/. In Bild 4.1 sind die die
Arbeitsunsicherheit bestimmenden Störgrößen zusammengestellt. Diese Störgrößen wirken sich auf die Geometrie
des bearbeiteten Werkstücks aus. Verantwortlich dafür
sind die thermischen, geometrischen und kinematischen
Einflüsse in der Werkzeugmaschine.

Während die geometrischen Fehler durch enge Fertigungstoleranzen, sorgfältige Montage und Justierung begrenzt

werden können, sind die Einflüsse statischer und dynamischer Kräfte als auch der Werkzeugverschleiß und die
thermisch bedingten Verformungen oft nur mit einem
sehr hohen Aufwand auszugleichen. Voraussetzung für
eine Vermeidung bzw. Verminderung der Fehler ist deren
Systematisierbarkeit, d.h. die Fehlerursache muß einer
Gesetzmäßigkeit unterliegen.

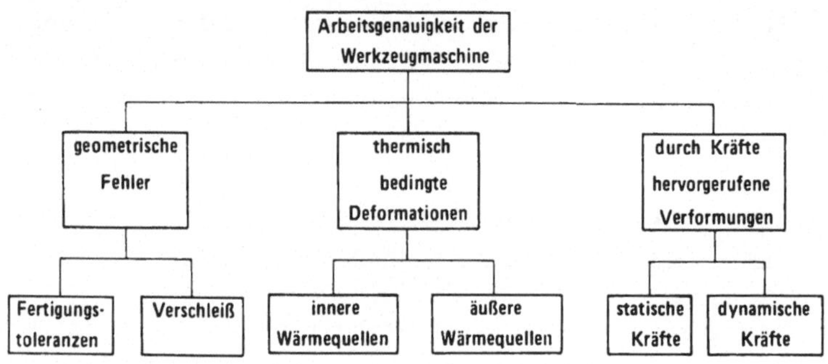

Bild 4.1: Störgrößen des Fertigungsprozesses

Im folgenden Abschnitt der vorliegenden Arbeit soll ein
Verfahren zur automatischen Kompensation von thermisch
bedingten Verformungen an Werkzeugmaschinen vorgestellt
werden, das besonders für eine Integration in die CNC-
Steuerung geeignet ist.

4.1.1 Thermische Einflußgrößen in Werkzeugmaschinen

Schon relativ geringe Temperaturschwankungen können an
Werkzeugmaschinen zu Verformungen führen, die die geforderte Arbeitsunsicherheit der jeweiligen Maschine
beeinflussen.

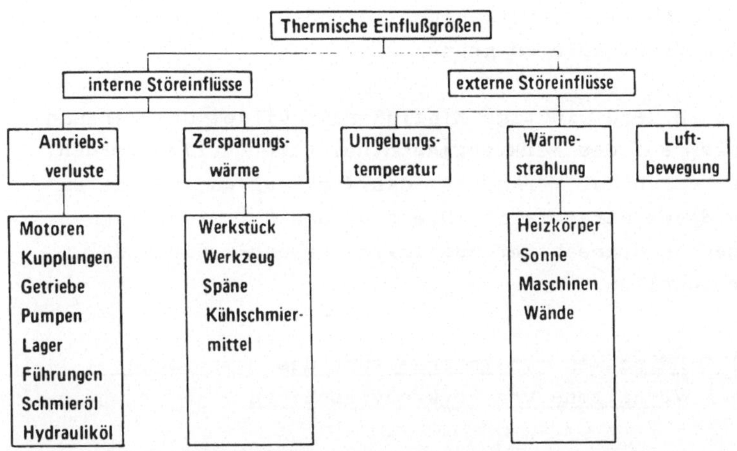

Bild 4.2: Thermische Beeinflussung des Fertigungsprozesses

Ursache der Temperaturdifferenzen und der daraus resultierenden Maßänderungen sind die externen und internen Wärmequellen, die in Bild 4.2 zusammengestellt sind /30, 31/. Als externe Wärmequellen kann man die Umgebungstemperatur, die Luftbewegung und Wärmestrahlung durch Heizaggregate und Sonneneinwirkung bezeichnen. Die externen Störeinflüsse lassen sich durch einen geeigneten Aufstellungsort der Maschine reduzieren. Gut ausgelegte Fertigungshallen verringern derartige Fehlereinflüsse.

Weitaus größere Probleme bringen die internen Wärmequellen mit sich. Interne Wärmequellen entstehen durch die Umwandlung von elektrischer in mechanische Energie, wobei die Verluste als Abwärme die Energiebilanz ausgleichen und durch die Verluste der mechanischen Energie, die sich als Reibungswärme äußern /32/. Als wesentlichste interne Wärmequellen sind Antriebsmotore,

Kupplungen, Getriebe, Pumpen, Lager und Führungen,
aber auch die wärmetransportierenden Schmiermittel
und Hydrauliköle zu nennen.

Eine weitere wichtige Einflußgröße bildet der Zerspanprozeß auf der Werkzeugmaschine. Wärmequellen werden
hier durch das Werkstück, das Werkzeug und vor allem
die Späne dargestellt. Diese bilden bei einer unge-
nügenden Späneabfuhr zusätzlich sekundär wirkende
Wärmequellen.

4.1.2 Maßnahmen zur Verbesserung des thermischen Verhaltens von Werkzeugmaschinen

Der Anteil der thermisch bedingten Verformung an der
Gesamtverformung nimmt bei automatisch arbeitenden Maschinen, deren Leistungsvermögen voll ausgenutzt wird,
sehr stark zu - daher sind besonders hier Maßnahmen
zur Reduzierung der Temperatureinflüsse von großer
Wichtigkeit /39/.

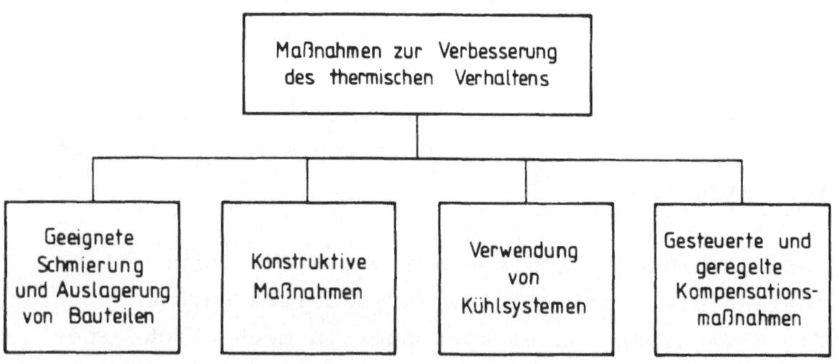

Bild 4.3: Maßnahmen zur Verbesserung des
thermischen Verhaltens

Die Maßnahmen, die zur Reduzierung des Temperaturein-
flusses ergriffen werden, gehen dabei von zwei grundsätzlich verschiedenen Gedanken aus, wie in Bild 4.3
dargestellt:

1. Durchführung von baubedingten Maßnahmen an
   der Maschine, um diese gegen thermische Einflüsse zu stabilisieren.

2. Die vorhandene Konstruktion als gegeben hin-
   zunehmen und durch gezielte zusätzliche Maßnahmen die Fehlereinflüsse zu verringern.

Im folgenden Abschnitt werden die daraus resultierenden Maßnahmen aufgezeigt und diskutiert.

4.1.2.1 Auslagerung von Wärmequellen

Eine Möglichkeit um thermische Störeinflüsse erst gar
nicht entstehen zu lassen, besteht darin, thermisch
aktive Bauteile aus der Werkzeugmaschine herauszuneh-
men. Das trifft vor allem für Hilfsaggregate zu, die
nicht funktionsgebunden in der Maschine angebracht
sind.

Ausgeprägte Wärmequellen sind dabei besonders die elektrischen, mechanischen und hydraulischen Antriebs- und
Steuerelemente, sowie die als Ölsumpf bzw. Kühlmittel-
behälter ausgeformten Bauteile, die den Aufbau der Maschine zwar kompakt erscheinen lassen, die Maschinen
damit aber ungenau machen. Abhilfe bietet ein externes
Anordnen der Hydraulik- und Kühlmittelaggregate und
ein getrenntes Aufstellen des Hauptspindelantriebs und
der Starkstromkomponenten.

Die Ergebnisse der Arbeiten von Opitz /33/ und Schunk /34/

zeigen, daß dadurch besonders die unterschiedliche Erwärmung und die damit verbundene ungleichmäßige Deformation der Maschine eingeschränkt werden kann.

4.1.2.2 Konstruktive Maßnahmen

Konstruktive Maßnahmen haben das Ziel, die thermische Steifigkeit der Maschine zu erhöhen, indem die störenden Auswirkungen unvermeidbarer Wärmequellen beschränkt werden /35/.
Dieses Ziel kann erreicht werden durch:

- Wahl eines Werkstoffes mit möglichst niedrigem Ausdehnungskoeffizienten,

- möglichst geringe Bauteillänge,

- Serienschaltung gegensinniger Verformungen,

- Parallelschaltung gleichsinniger Verformungen,

- Verbesserung des Wärmeübergangs und damit des Abtransports der Wärme und

- Installation einer wirksamen Späneabfuhr.

Einen geeigneten Werkstoff stellt Invar (Ni-36) dar, der sich durch einen geringen Längenausdehnungskoeffizienten auszeichnet. Nachteilig auf eine weitere Verbreitung im Werkzeugmaschinenbau wirkt sich sein hoher Preis und die schwierige Bearbeitung aus. Außerdem ist die Verbindung zu anderen Werkstoffen aufgrund der unterschiedlichen Ausdehnungskoeffizienten als kritisch zu bezeichnen. Für Bauteile mit einem erheblichen Verformungsanteil kommt dieser Werkstoff jedoch in Frage.

Eine weitere Möglichkeit zur Verbesserung des thermi-

schen Verhaltens bietet die Methode der thermosymme-
trischen Konstruktion. Man versteht darunter, daß durch
eine geeignete Dimensionierung der wirksamen Bauteil-
längen die Einzelverformungen innerhalb der Maschine
kompensiert werden können bzw. durch eine geeignete
Anordnung von Werkzeug- und Werkstückachse die Verlagerung senkrecht zur Bearbeitungsebene erfolgt und der
resultierende Fehler damit zu einem Fehler 2. Ordnung
wird.
Als weitere konstruktive Verbesserung sind eine optimale Wärmeabfuhr, die durch eine Vergrößerung der Wand-
fläche erreicht wird und eine wirksame Späneabfuhr,
die durch Bettschrägstellung und Durchbrüche zu erreichen ist, anzustreben.

4.1.2.3 Verwendung von Kühlsystemen

Ein weiteres Verfahren, den Einfluß von Wärmequellen
einzuschränken, wird durch eine geregelte Rückkühlung
des Schmier- und Hydrauliköls erreicht. Weiterhin werden oft bei gegebenen Genauigkeitsanforderungen Maschi-
nenteile gekühlt um den Temperaturgradienten zu ver-
mindern und damit die Verformung des Bauteils herabzusetzen.

Von de Haas, Jedrzejewski und Schunck /32, 34, 36, 37,
38/ durchgeführte Untersuchungen bestätigen ein deutli-
ches Absinken der Temperaturen, besonders bei einer ge-
zielten Rückkühlung des Spindellagerschmieröls. Eine
verstärkte Wärmeabfuhr läßt sich durch ein Bespülen der
Innenwände von Getriebe- und Spindelkasten mit Schmier-
öl erreichen.

Eine Alternative zur Flüssigkeitskühlung bildet die
Luftkühlung /35/. Eine solche Kühlung hat den Vorteil,
daß auf eine Rückkühlung des Kühlmediums verzichtet

werden kann. Ein weiterer Vorteil besteht in einer wir-
kungsvollen Kühlung bei gleichem konstruktiven Aufwand,
da mit einem Gebläse eine bessere Verteilung und Ab-
transport des Kühlmediums Luft zu erzielen ist.

Eine andere Methode hohe Temperaturgradienten in den
Maschinenbauteilen, die dort Verformungen hervorrufen,
zu vermeiden, besteht darin, durch eingebaute Wärmequellen (Heizung) die Maschine gleichmäßig zu erwärmen.
Durch diesen Eingriff können zwar Form- und Lagefehler
vermieden werden - die erwärmte und kalte Maschine sind
sich jedoch nur noch geometrisch ähnlich. Das Arbeits-
ergebnis ist also maßstäblich verzerrt.

4.1.2.4 Geregelte Kompensationsverfahren

Der Grundgedanke der vorangestellten Kompensationsme-
thoden besteht darin, Veränderungen an der Maschine,
deren Anordnung und deren Aggregaten vorzunehmen.

Einen gegensätzlichen Ausgangspunkt der Überlegungen
stellt der Gedanke dar, die Maschine in ihrem Zustand
zu belassen /37/ und durch direkte oder indirekte Meßverfahren ihre Verformungen zu erfassen und diese gegebenenfalls im Arbeitspunkt auszugleichen, also zu
kompensieren /41/. Wichtig ist dabei eine automatisierte Erfassung der Abweichung und eine Korrektur der
durch die Temperatur hervorgerufenen Verformungen. Dieser Anforderung kann mit Hilfe des Steuerungsrechners
einer CNC ohne großen zusätzlichen Aufwand nachgekommen
werden.

Ein direktes Erfassen der Verformung der Maschine ist
aufwendig. Daher wird der Umweg über das indirekte Messen der Temperaturen beschritten. Voraussetzung ist
eine gesetzmäßige Abhängigkeit von Temperatur und

Verformung.

4.2 Meßverfahren zur Ermittlung der Verlagerungen in Werkzeugmaschinen

Die Arbeitsunsicherheit einer Werkzeugmaschine hängt, wie schon im vorhergehenden Abschnitt ausgeführt, von der Exaktheit der Relativbewegung und Lage des Werkzeug zum Werkstück ab. Aufgabe des Meßverfahrens muß es sein, die ausgeführte Relativbewegung zu erfassen. Aufgabe der eingesetzten Kompensationsstrategie muß es sein, eventuelle Abweichungen zu bewerten und gegebenenfalls selbsttätige Gegenmaßnahmen zur Vermeidung dieser Abweichungen einzuleiten.

Die direkte Wegmessung an der Wirkstelle selbst stößt jedoch auf erhebliche Schwierigkeiten, zumal der eine Meßpartner rotiert, der andere hingegen feststeht. Diese Schwierigkeit läßt sich zwar durch die Auswahl geeigneter Sensoren umgehen, wie für den Fräsprozeß beziehungsweise den Drehprozeß angegeben sind /50/. Der Aufwand für den Einbau der Sensoren in die Werkzeuge und die Übertragung der Meßdaten von der rotierenden Spindel sind derzeit noch extrem hoch, so daß ein wirtschaftlicher Einsatz nicht zu erzielen ist.

Eine Alternative zur direkten Verlagerungsmessung bildet aufgrund des quasi-linearen Zusammenhangs von Temperatur und Ausdehnung die Erfassung der Temperaturen in der Maschine. Mit diesem indirekten Meßverfahren zur Bestimmung der Verlagerungen kann der hohe Aufwand beim direkten Messen vermieden werden, zumal für die Erfassung von Temperaturen leistungsfähige und kostengünstige Sensoren zur Verfügung stehen und ebenso auch beim nachträglichen Einbau der Sensoren keine Veränderungen an Maschine und Werkzeug vorgenommen werden müssen.

4.2.1 Auswahl des Temperaturmeßverfahrens

Eine umfassende Zusammenstellung der in Frage kommenden Verfahren zur Temperaturmessung sind in Bild 4.4 dargestellt /51/.

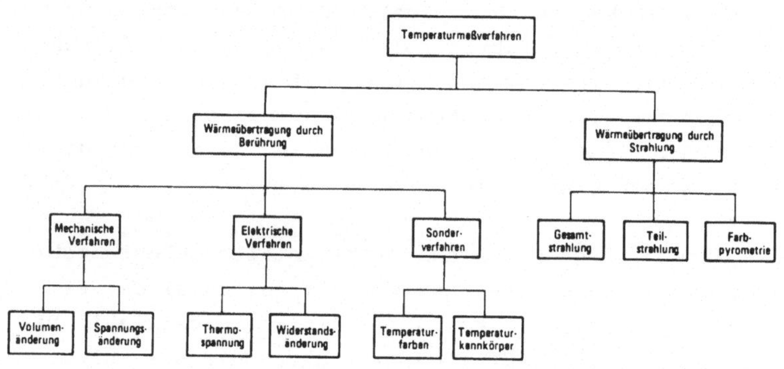

Bild 4.4: Temperaturmeßverfahren

Da das zu entwickelnde Meßverfahren für eine Weiterbearbeitung im Rechner der CNC-Steuerung geeignet sein soll, muß die Auswahl auf eine Erörterung der elektrischen Temperaturmeßverfahren beschränkt bleiben.

Weiterhin müssen die folgenden Bedingungen von einzusetzenden Meßverfahren erfüllt werden:

- Der Meßbereich der Temperaturaufnehmer soll zumindest im Bereich von 10° - 90°C liegen.

- Die Baugröße der Aufnehmer sollte klein sein, um punktförmig und möglichst nahe der Wärmequelle messen zu können und den Einbau des

Aufnehmers zu erleichtern.

- Die Aufnehmer müssen gegenüber Schmierölen
  und Kühlschmiermitteln resistent sein.

- Wichtig ist auch die Unempfindlichkeit
  gegen mechanische Erschütterungen und elek-
  tromagnetische Wechselfelder.

- Der zusätzliche Hardwareaufwand zur Meßwert-
  aufbereitung sollte gering gehalten werden.

Die elektrischen Verfahren zur Temperaturmessung sind
am besten geeignet, da sie sich ohne großen Aufwand
an die Steuerung anpassen lassen.

Es bieten sich zwei grundsätzlich verschieden arbeiten-
de Meßverfahren an. Infolge einer Temperaturerhöhung
ändert das eine seine Thermospannung, beim anderen Verfahren ändert sich der elektrische Widerstand. Als ausgeführte, am Markt befindliche Bauelemente wurden also
Thermoelemente und Widerstandsthermometer in Normal-
und Halbleiterbauart bzgl. der vorangestellten Anforderungen untersucht /42 - 45/.

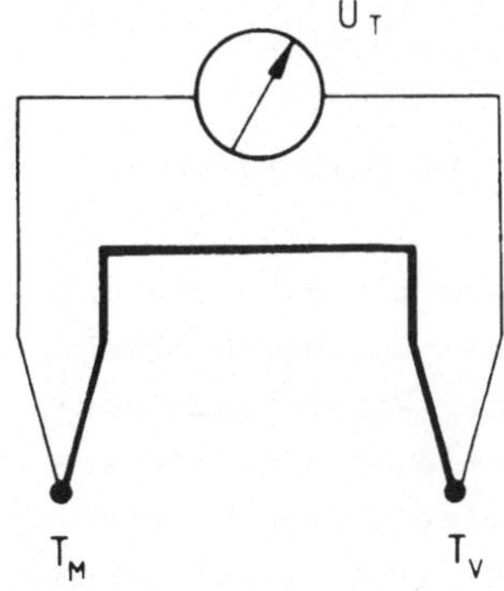

$$U_T = k_T (T_M - T_V)$$

T_M = Temperatur an der Meßstelle

T_V = Temperatur an der Vergleichsmeßstelle

k_T = Proportionalitätsfaktor

Bild 4.5: Meßprinzip mit Thermoelementen

Thermoelemente sind aktive Temperaturaufnehmer. Dabei
wird der Effekt ausgenutzt, daß eine Thermospannung U_T
entsteht, wenn die Temperaturen T_M an der Meßstelle
und die Temperatur T_V an der Vergleichsstelle unterschiedlich sind. Die entstehende Spannung ist proportional zur Temperaturdifferenz $T_M - T_V$ der beiden Meßstellen. Der Faktor k_T ist ein Maß für die Empfindlich-
keit des Thermopaares. Eine Meßanordnung mit Thermoelementen ist in Bild 4.5 aufgezeigt.

Beim Widerstandsthermometer wird der mit steigender
Temperatur zunehmende elektrische Widerstand als Meßgröße ausgewertet. Widerstandsthermometer sind passi-
ve Meßelemente, d.h. sie benötigen eine Spannungsver-
sorgung. Der temperaturabhängige Widerstand $R(\vartheta)$ kann
in guter Näherung als Potenzreihe dargestellt werden:

$$R(\vartheta) = R_o \, (1 + k_1 \cdot \vartheta + k_2 \cdot \vartheta^2 + \ldots), \qquad (18)$$

wobei R_o der Widerstand bei der Temperatur $\vartheta_o = 20^oC$
und k_1, k_2, ... die Materialkonstanten sind. Ist der
Meßbereich entsprechend den gestellten Anforderungen
klein, so reicht die folgende lineare Näherung aus:

$$R(\vartheta) = R_o \, (1 + \alpha \cdot \Delta\vartheta), \qquad (19)$$

$$\text{mit} \quad \alpha = \frac{R(\vartheta) - R_o}{\Delta\vartheta \cdot R_o} \quad \text{als mittlerem Temperaturbeiwert.}$$

Widerstandsthermometer in Normalbauart sind durch ihre
Baugröße und die Kapselung für eine punktuelle Messung
nicht geeignet. Andere Bauformen der Widerstandsthermometer sind Heißleiter, auch Thermistor oder NTC-Widerstand genannt, sind i.a. Halbleiter, deren Widerstand im Gegensatz zu den Metallen mit steigender Tem-

peratur abnimmt. Für die Temperaturabhängigkeit des Widerstandes gilt näherungsweise:

$$R(T) = A \cdot e^{B/T} \qquad (20)$$

wobei unter R(T) der Widerstand bei einer Temperatur in ^{O}Kelvin, unter A eine geometrische und unter B eine werkstoffspezifische als auch von der Geometrie abhängige Konstante zu verstehen sind. Aufgrund der nichtlinearen Beziehung zwischen Temperatur und Widerstand muß hier eine aufwendige Umrechung durchgeführt werden.

Eignung bezüglich \ Meßelemente	Thermo-elemente	Widerstands-thermometer	Heißleiter (NTC-Fühler)
Preis	2	1	3
Meßgenauigkeit	3	3	3
Größe	3	1	3
Ansprechzeit	3	1	3
Einbau	2	1	3
Meßempfindlichkeit	1	2	3
Aufwand der Meßschaltung	1	1	3
Langzeitkonstanz	2	2	1

1 → 3   zunehmende Eignung

Tabelle 4.1: Eignung der Temperaturmeßelemente für den Einsatz in der Werkzeugmaschine

In Tabelle 4.1 ist ein Vergleich der für den Einsatz in Werkzeugmaschinen zur Messung der Temperaturen geeigneten Meßelemente zusammengestellt.

Ausschlaggebend für den Einsatz von Heißleitern zur
Temperaturerfassung in der Maschine sind die günstige
Baugröße, die punktuelle Messungen zulassen, ihre Unempfindlichkeit gegenüber den harten Umgebungsbedingungen innerhalb der Maschine und der geringe Hardwareaufwand zur Erzeugung eines im Rechner verarbeitungsfähigen Meßwertes.

4.2.2 Aufbau der Meßeinrichtung

Im Rahmen der Arbeit wurde ein Interface zur Kopplung
von Heißleitern an die Standardperipherie der CNC-
Steuerung entwickelt. Aufgabe des Interfacebausteins
ist es, die mit steigender Temperatur auftretende Widerstandsänderung der Meßelemente zu erfassen und den
Meßwert entsprechend dem in der Steuerung verwendeten
A/D-Wandler nach der größtmöglichen Auflösung hin aufzubereiten.
Die Anpassung des Meßfühlers erfolgt in Verbindung mit
einer Wheatstone'schen Brückenschaltung. In Bild 4.6
ist die Gesamtschaltung mit der applizierten Bestückung
angegeben.

Der obere Teil der Brücke besteht aus einem an die Meßstelle ausgelagerten Heißleiter (NTC-Widerstand) und
den ihn abgleichenden Potentiometer P_2. Potentiometer P_1
dient der Begrenzung des Ausgangssignals des Verstärkers.

Über den Differenzverstärker und das nachgeschaltete
Potentiometer P_3 wird das Ausgangssignal, das einer
der Widerstandsänderung proportionale Spannung zur Verfügung stellt, erzeugt. Durch die Tatsache, daß Heißleiter unterschiedlicher Bauart verwendet werden, als
auch durch die Fertigungstoleranzen der Heißleiter, die

relativ groß sind, ist die Möglichkeit eines Einzelab-
gleichs als unumgänglich vorzusehen.

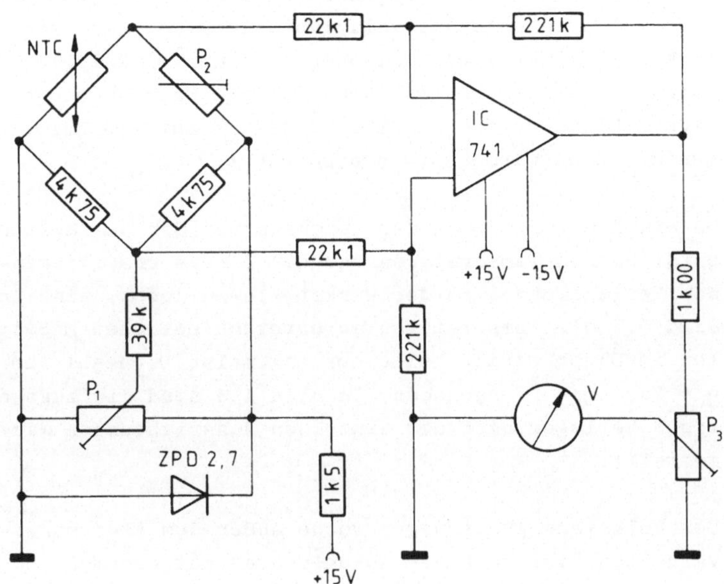

Bild 4.6: Anpaßschaltung der NTC-Fühler

4.2.3 Ermittlung der zeitabhängigen Temperaturen und Verlagerungen

Um zuverlässige Werte zur Entwicklung eines Kompensationsverfahrens zu erhalten, wurde an einer Drehmaschine ein Versuchsstand eingerichtet. Der Versuchsstand
ist automatisiert und bietet die Möglichkeit, aufwendige
Versuchsprogramme mit bis zu 3 Temperaturmeßstellen
und 3 Wegsensoren bei verschiedenen Betriebsbedingungen zu fahren.

Die Meßwerte werden gesammelt und aufbereitet. Sie ste-

hen zur Weiterverarbeitung auf einem externen Speicher
zur Verfügung. Das ermittelte Kompensationsverfahren
kann, wie Paralleluntersuchungen ergaben, auch auf andere Maschinentypen übertragen werden. Da für das Be-
arbeitungsergebnis die Relativbewegung und Lage von
Werkzeug zu Werkstück, also der Ort der Wirkstelle, verantwortlich ist, beschränken sich die Untersuchungen auf
diese. Die Untersuchung bleibt jedoch auf die Auswirkungen der Hauptwärmequellen beschränkt.

Um ein Maß für die in der Maschine bei der Bearbeitung
entstehenden Temperaturen und der daraus resultierenden Verlagerungen an der Wirkstelle zu geben, sind in
Bild 4.7 die Temperaturen an unterschiedlichen Meßstellen im Dauerbetrieb bei einer maximalen Drehzahl von
$n = 2500 \ min^{-1}$ angegeben. In Bild 4.8 sind die zugehörigen Verlagerungen der einzelnen Achsrichtungen dargestellt.

Der Vollständigkeit wegen wurde außer dem Erwärmungs-
verhalten hier auch der Abkühlprozeß aufgenommen, ob-
wohl er für ein Kompensationsverfahren unwichtig ist,
da dort das Werkzeug nicht im Eingriff ist und in die
Nebenzeit fällt. Die Durchführung von Kompensations-
maßnahmen ist also nur während der formgebenden Zer-
spanung, also zu den Hauptzeiten notwendig.

Weiterhin deuten die Temperatur- und Verlagerungsver-
läufe eine gewisse Abhängigkeit von Temperatur und
Verlagerung an, die besonders in der y-Achse auffällt,
hingegen in der x-Achse kaum mehr gegeben ist. Der
Grund ist offensichtlich darin zu suchen, daß die Ausdehnung in y-Richtung nur von einem Bauteil, dem Spindelkasten, erzeugt wird. Im Fall der z-Achse ist eine
Überlagerung mehrerer Maschinenelemente für die Gesamtverlagerung verantwortlich, während der Fehler in

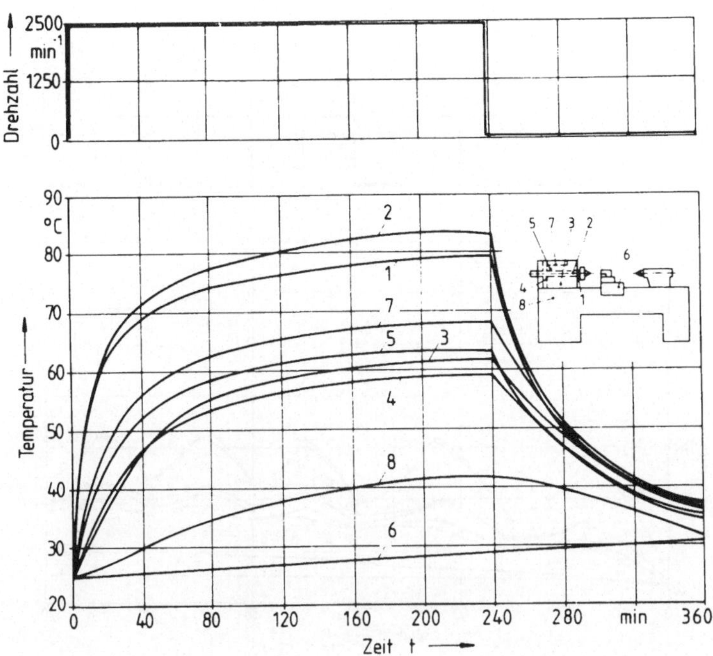

Bild 4.7: Verhalten der Temperaturmeßstellen im Dauerbetrieb

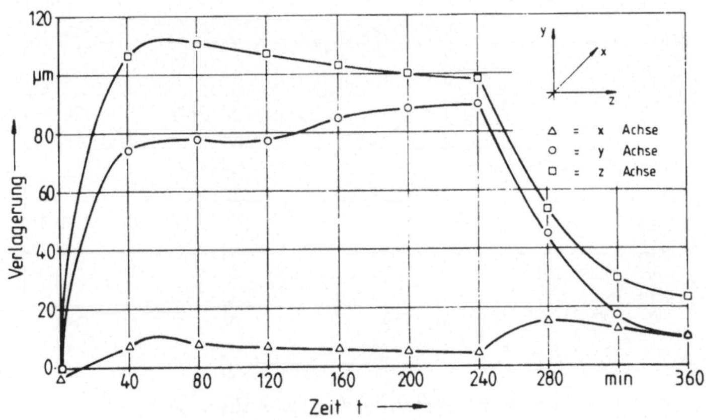

Bild 4.8: Achsspezifische Verlagerungen im Dauerbetrieb

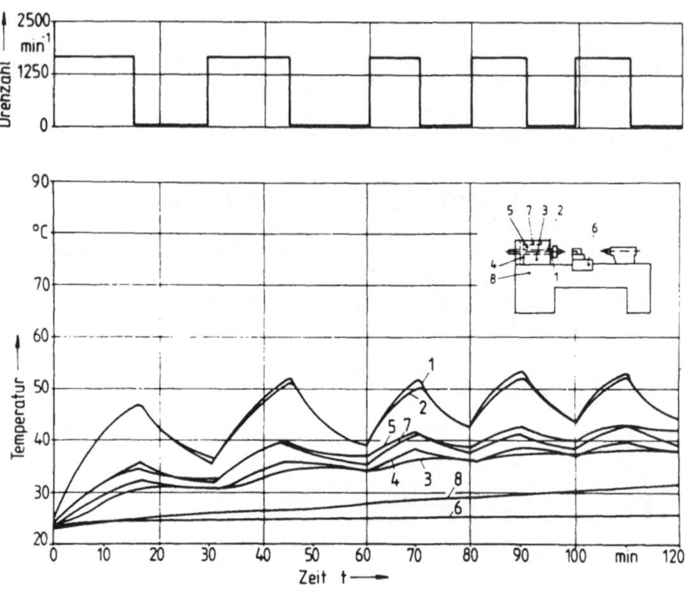

Bild 4.9: Verhalten der Temperaturmeßstellen
bei periodischer Betriebsart

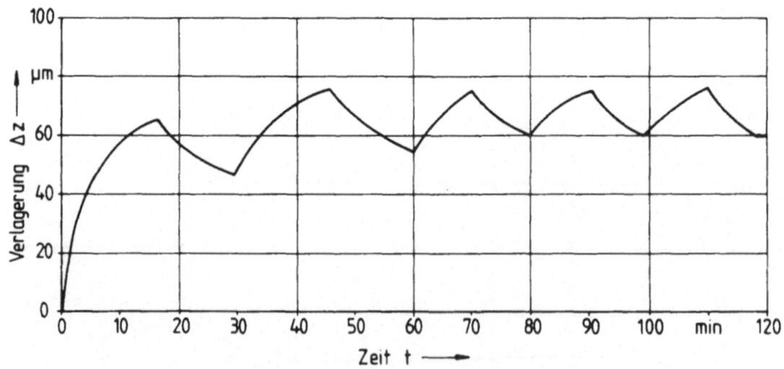

Bild 4.10: Verlagerung der z-Achse bei
periodischer Betriebsart

der x-Achse nicht systematisch ist und weitgehend durch
das Radialspiel der Spindellagerung bestimmt wird.

Prüft man die Auswirkungen der Abweichungen der einzelnen Achsen auf die Geometrie des Werkstücks /32/, so
stellt man fest, daß sich ein Fehler in der x-Achse auf
den Durchmesser des Werkstücks, also doppelt, auswirkt.
In der y-Achse wirken sich hingegen selbst große Fehler
nur sehr gering auf den Durchmesser aus, da es sich dabei um einen Fehler 2. Ordnung handelt /34/. Der Fehler
in z-Richtung geht aber vollständig als Geometriefehler
in die Werkstücklänge ein. Daher sollen die folgenden
Untersuchungen besonders der z-Achse gewidmet werden.

Der Dauerbetrieb mit einer einzigen Spindeldrehzahl bei
einer Werkzeugmaschine ist jedoch ein Sonderfall. Die
dabei entstehenden Abweichungen können mit einfachen
Verfahren fast vollständig kompensiert werden. Die Anforderung an eine Kompensation besteht also darin, auch
unter unterschiedlichsten Betriebsbedingungen eine definierte Kompensationsgüte zu gewährleisten.

Das Verhalten der Temperaturen in den Meßpunkten, als
auch die daraus resultierenden Verlagerungen der Arbeitsspindel sind in Bild 4.9 und Bild 4.10 dargestellt. Dabei wird ein periodischer Aussetzbetrieb mit
jeweils gleicher Spindeldrehzahl simuliert, was dem
Drehen langer Werkstücke mit mehreren Schruppschnitten
entspricht.

Die periodisch auftretende Abkühlung entspricht dann
der Zeit für einen Werkstückwechsel.

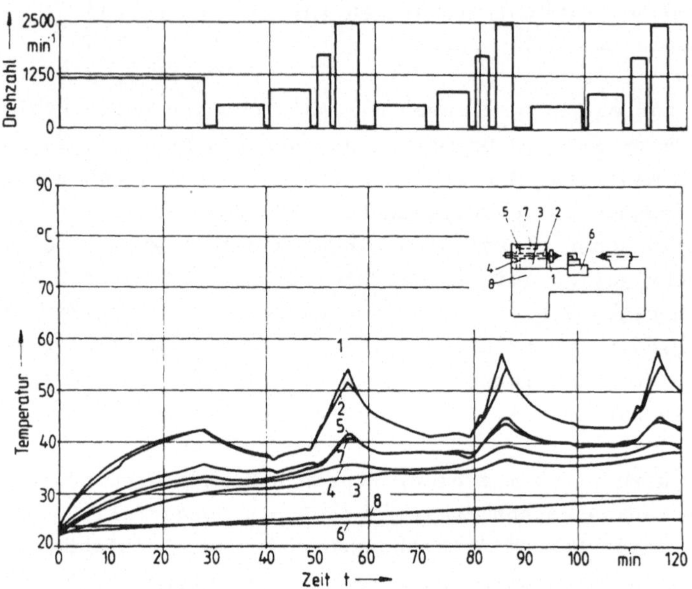

Bild 4.11: Verhalten der Temperaturen bei aperiodischer Betriebsart und wechselnden Drehzahlen

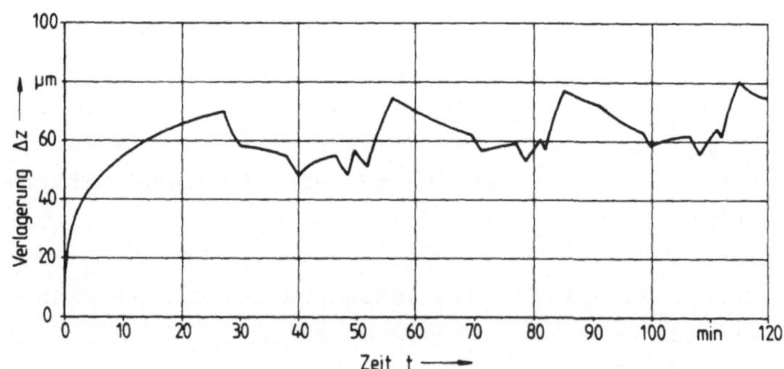

Bild 4.12: Verlagerungswerte bei aperiodischer Betriebsart

Eine stark realitätsbezogene Betriebsart wird in den Bildern 4.11 und 4.12 dargestellt. Damit kann das Verhalten der Temperaturen und Verlagerungen bei einer aperiodischen Betriebsweise und bei gleichzeitig unterschiedlichen Betriebsdrehzahlen der Hauptspindel untersucht werden. Dieser Vorgang entspricht den unterschiedlichen Bearbeitungsaufgaben bei der Fertigung eines komplizierten Drehteiles, wobei die Arbeitsgänge Schruppen, Feindrehen, Einstechen und Aufbohren durch spezifische Drehzahlen und Vorschübe dargestellt sind.

Das in der Arbeit vorgestellte Kompensationsverfahren muß auch diesen vorgestellten Bearbeitungsfällen gerecht werden, was in den nachfolgenden Ausführungen belegt wird.

4.3 Modellbildung zur Berechnung der Verlagerungswerte

Die Verlagerungen, die in den Bildern 4.8, 4.10 und
4.12 dargestellt sind, sind dort über der Zeit aufgetragen. Umgekehrt betrachtet kann jedoch keine eindeutige Zuordnung eines Zeitpunktes zu einer bestimmten
Verlagerung hin erfolgen. Es empfiehlt sich daher, auf
eine Darstellung der Verlagerung überzugehen, bei der
der Zeiteinfluß eliminiert wurde.

4.3.1 Drehzahl- und Temperaturabhängigkeit der Verlagerungswerte

Es bestehen zwei prinzipielle Möglichkeiten die Verlagerungswerte in einer funktionellen Abhängigkeit
darzustellen:

1. Als Parameterdarstellung der Drehzahlen im
   Verlagerungs-Zeit-Diagramm oder

2. als Verlagerungs-Temperatur-Diagramm.

Die Parameterdarstellung der Drehzahlen im Verlagerungs-Zeit-Diagramm, wie in Bild 4.13 dargestellt,
läßt den Schluß zu, daß ein ursächlicher Zusammenhang
zwischen der Hauptspindeldrehzahl und der Verlagerung
besteht.

Durch eine Approximation der einzelnen Verlagerungs-
Drehzahl-Funktionen mit Polynomen lassen sich für jeden Drehzahlbereich Kompensationsfunktionen finden /47/,
deren Genauigkeit nur vom Grad des Polynoms abhängig
ist. Der Aufwand für ein derartiges Kompensationssystem
ist also direkt vom Grad des Polynoms m und der Zahl
der Ausgangsdrehzahlen n des Getriebes abhängig.

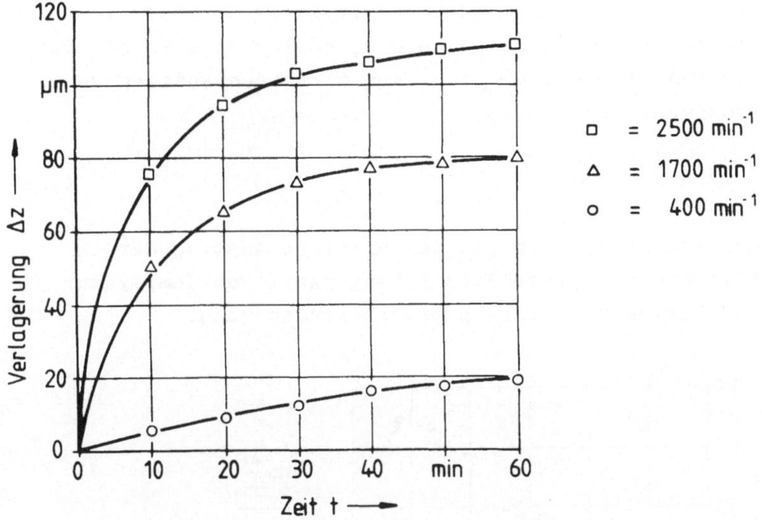

Bild 4.13a: Verhalten der Verlagerungen bei verschiedenen Drehzahlen

Ausgezeichnete Kompensationswerte liefert das Verfahren bei Maschinen, die im Dauerbetrieb mit nur einer Drehzahl arbeiten /47/. Für den Realbetrieb in einer Werkzeugmaschine mit unterschiedlichen Bearbeitungsbedingungen ist das Verfahren jedoch nicht geeignet.

Ein weniger aufwendiges Verfahren, Kompensationswerte zu ermitteln, besteht in der Möglichkeit, die Proportionalität von Temperatur und Verlagerung gemäß der Abhängigkeit des Stabmodells auszunutzen, also:

$$\Delta z = \alpha \cdot l_o \cdot \Delta T, \tag{21}$$

wobei unter α der lineare Längenausdehnungskoeffizient des Materials, unter l_o die Länge des Bauteils, das der Temperaturdifferenz ΔT in ^{o}C ausgesetzt ist, zu verstehen sind. Soll die geometrische Gestalt nicht besonders berücksichtigt werden, so lassen sich die beiden Faktoren α und l_0 zu einem mittleren Anstiegswert a_m zusammenfassen, also

$$\Delta z = a_m \cdot \Delta T, \tag{22}$$

wobei dann a_m auch als der mittlere Anstieg der in Bild 4.13b dargestellten Abhängigkeit von Temperatur und Verlagerung interpretiert werden kann.

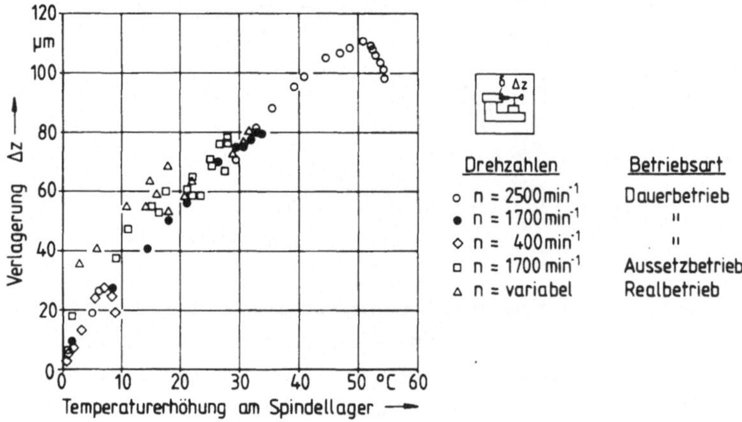

<u>Bild 4.13b</u>: Axialverlagerung bei unterschiedlichen Betriebsarten in Abhängigkeit der Temperatur der Axiallagerung der Hauptspindel

Hier sind für eine ausgewählte Temperaturmeßstelle, dem Spindellager, die der Verlagerung am besten folgt, unter verschiedenen Betriebsbedingungen die Temperaturerhöhung und die zugehörige Verlagerung Δz gegeneinander aufgetragen. Oberflächlich betrachtet sind Temperatur und Verlagerung in einem gewissen Toleranzband als

linearisierbar anzusehen, womit der in Gleichung (22)
stehende formale Zusammenhang bestätigt wird. Unter-
zieht man die Darstellung jedoch einer genaueren Untersuchung, so stellt man fest, daß dieses Verfahren
im Bereich kleinerer Temperaturdifferenzen ungeeignet
für eine Kompensation ist, da das Toleranzband zum Beispiel für eine Temperaturdifferenz von $10^{\circ}C$ Verlagerungswerte von 30 bis zu 50 μm angibt. Diese Werte sind
für ein korrektes Kompensationsverfahren nur bedingt
brauchbar.

Untersuchungen von Okushima /46/ bestätigen zwar die
Möglichkeit einer Kompensation, aber nur für den Fall
des Dauerbetriebs mit einer Drehzahl der Hauptspindel.
Wechselnde Antriebsdrehzahlen und ein daraus resultierender unterschiedlicher Wärmestrom beeinträchtigen
die Wirksamkeit des vorgeschlagenen Kompensationsverfahrens beträchtlich.

4.3.2 Überlagerung von Einzelverformungen zur Berechnung der Gesamtverlagerung

Entsprechend dem im letzten Abschnitt vorgestellten Ver-
lagerungsmodell mit einer Variablen, kann dieses auf ein
Modell mit mehreren Variablen, also mehreren Temperaturmeßstellen erweitert werden. Die anteiligen Verlagerungen werden dabei linear superponiert,

$$\Delta z = \Delta z_1 + \Delta z_2 + \ldots + \Delta z_n$$

$$= a_1 \cdot \Delta T_1 + a_2 \cdot \Delta T_2 + \ldots + a_n \cdot \Delta T_n, \qquad (23)$$

wobei die zugehörigen Koeffizienten a_i als bezogene
Längenkoeffizienten der einzelnen Bauteile interpretiert werden können, was in Bild 4.14 festgehalten ist.

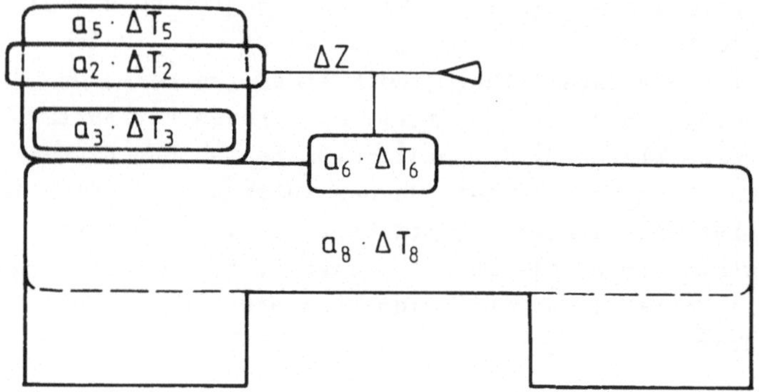

Bild 4.14: Überlagerungsmodell zur Bestimmung der Gesamtverlagerung

Hier werden verschiedene Bauteile ihren charakteristi-
schen Temperaturen ausgesetzt und ergeben dann mit den
daraus ermittelten Einzelverlagerungen die Gesamtverlagerung. Der Nachteil eines solchen Kompensationsverfahrens besteht nun aber darin, daß zum einen bei
diesem Verfahren der Zeiteinfluß des Wärmestroms nicht
eliminiert werden kann, da der Bezugspunkt nicht genau
bekannt ist, und zum anderen sich in der z-Achse der
Maschine eine wegabhängige Verlagerung bezüglich der
Wirkstelle ergibt.

4.3.3 Berechnung der Verlagerung aus einer Linearkombination von Einzeltemperaturen

Während sich an einem einfachen Bauteil eindeutig die
Proportionalität von Temperatur und resultierender Verlagerung angeben läßt, ist bei einem Zusammenwirken
mehrerer Wärmequellen auf einen komplexen geometrischen
Körper, der aus einzelnen Bauteilen zusammengesetzt ist,
kein unmittelbarer analytischer Ansatz zur Beschreibung

der Verformung mehr möglich.

Erschwerend für eine einfache Beschreibung der Beziehung Temperatur-Verlagerung wirken sich zudem die physikalischen Erscheinungen des Wärmeübergangs an den Trennfugen, die unterschiedlichen Abmessungen und Materialien, sowie das instationäre Temperaturfeld auf quantitative Aussagen aus.

Eine in der Literatur oftmals angegebene Methode zur Eliminierung des Zeiteinflusses bei der Berechnung einer zeitunabhängigen Verlagerung soll im folgenden dargestellt werden - die lineare Regression.

Innerhalb einer Meßreihe an der zu untersuchenden Maschine sind zu verschiedenen Meßzeitpunkten die Temperaturen der beteiligten Meßstellen und die dem Zeitpunkt zugehörigen Verlagerungen festzustellen. Die Zahl der Meßzeitpunkte soll dabei gleich der Anzahl der Temperaturmeßstellen sein. Bei einer linearen Darstellung der Meßergebnisse, entsprechend der Formulierung aus Gleichung (23), erhält man dann ein lineares Gleichungssystem mit n Gleichungen entsprechend der Zahl der Meßstellen, also

$$\Delta z(t_1) = a_1 \cdot \Delta T_1(t_1) + a_2 \cdot \Delta T_2(t_1) + \ldots + a_n \cdot \Delta T_n(t_1)$$

$$\Delta z(t_2) = a_1 \cdot \Delta T_1(t_2) + a_2 \cdot \Delta T_2(t_2) + \ldots + a_n \cdot \Delta T_n(t_2) \quad (24)$$
$$\vdots$$
$$\Delta z(t_n) = a_1 \cdot \Delta T_1(t_n) + a_2 \cdot \Delta T_2(t_n) + \ldots + a_n \cdot \Delta T_n(t_n)$$

Kann man nun die Koeffizienten a_i bestimmen, so erhält man eine zeitunabhängige Darstellung der Verlagerung Δz, also

$$\Delta z = a_1 \cdot \Delta T_1 + a_2 \cdot \Delta T_2 + \ldots + a_n \cdot \Delta T_n, \qquad (25)$$

die dann für beliebige Meßzeitpunkte Gültigkeit besitzt. Das Verfahren zur Berechnung der Koeffizienten a_i nach dem Gausschen Algorithmus wird in Abschnitt 4.4.2 beschrieben.

Die Problematik dieses Kompensationsverfahrens liegt
nun darin, günstige Meßzeitpunkte auszuwählen, deren
Aussagewert für die Verlagerung groß ist. Der Aussagewert ist nun aber um so größer, je größer die Zahl der
Meßzeitpunkte ist, die berücksichtigt werden. Da nun
die Zahl der einrechenbaren Meßzeitpunkte direkt von
der Zahl der eingebauten Meßstellen bestimmt wird,
ist also die Genauigkeit der berechneten Kompensationswerte von der Zahl der Meßstellen abhängig, also
nur eine Frage des Aufwands.

Erfolgreich kann dieses Verfahren jedoch nur bei Maschinen eingesetzt werden, die keinem sich stets än-
dernden Betriebsverhalten ausgesetzt sind, d.h., daß
dieses Kompensationsverfahren nur im stationären Betrieb zufriedenstellend arbeitet. Ursache dieser Erscheinung ist die Tatsache, daß nur eine endliche
Zahl von Meßzeitpunkten berücksichtigt werden kann.
Eine Kompensation des im Bild 4.7 und 4.8 dargestellten Verhaltens ist also leicht möglich. Hingegen ist
das stets wechselnde Betriebsverhalten, wie in Bild
4.9 bis 4.12 dargestellt, mit diesem Verfahren nicht
kompensierbar.

4.4 Rechenmodell zur Ermittlung der Koeffizienten

Um die Unzulänglichkeit dieser Methode bei wechselnden
Betriebsarten, wie sie im allgemeinen bei Werkzeugma-
schinen vorliegen, auszugleichen, wurde ein Verfahren
entwickelt, welches erlaubt, eine beliebige Zahl von
Meßzeitpunkten zu berücksichtigen ohne entsprechend
die Zahl der Meßstellen zu vergrößern. Mit dem in der
Statistik häufig angewandten Verfahren der multiplen
Regression kann dies erreicht werden.

4.4.1 Verfahren der multiplen Regression

Funktionelle Zusammenhänge, bei denen ein Merkmal y von
mehreren Einflußgrößen $x_j(x_1, x_2, \ldots, x_n)$ abhängig ist,
werden im allgemeinen Fall in expliziter Form auf folgende Weise dargestellt /48/:

$$y = f(x_1, x_2, \ldots, x_n)$$

Einen solchen funktionellen Zusammenhang bildet die
lineare Überlagerung mehrerer Temperaturen zur Ermittlung der Verlagerung in der Wirkstelle, also:

$$\Delta\hat{z}(t) = a_1 \cdot \Delta T_1(t) + a_2 \cdot \Delta T_2(t) + \ldots + a_n \cdot \Delta T_n(t),$$

wobei unter $\Delta\hat{z}(t)$ ein durch diese Funktion angenäher-
ter Wert zu verstehen ist.

Mit Hilfe der Regressionsfunktion sollen nun alle vorliegenden Meßzeitpunkte erfaßt werden, um somit allen
Betriebszuständen gerecht zu werden. Das heißt, es
sind alle Meßzeitpunkte t_i mit ihren zugehörigen Verlagerungen zu berücksichtigen, also

$$\sum_i^m \Delta z(t_i) = a_1 \sum_i^m \Delta T_1(t_i) + a_2 \sum_i^m \Delta T_2(t_i) + \ldots + a_n \sum_i^m \Delta T_n(t_i) \quad (26)$$

In den folgenden Ausführungen wird $\Delta T(t_i) = \Delta T_i$ gesetzt.

Die Koeffizienten a_i der Regressionsfunktion - in unserem Fall eine Linearkombination der Temperaturen verschiedener Meßstellen - werden so bestimmt, daß die Summe der quadrierten Abweichungen der tatsächlichen Verlagerungen Δz von der Regressionsfunktion minimiert wird (Kriterium der kleinsten Quadrate). Das bedeutet, daß die Funktion

$$f(a_1, a_2, \ldots, a_n) = \sum_{i=1}^m (\Delta z_i - \Delta z_i)^2$$

$$= \sum_{i=1}^m (\Delta z_i - a_1 \cdot \Delta T_{1i} - a_2 \cdot \Delta T_{2i} - \ldots - a_n \cdot \Delta T_{ni})^2$$

partiell nach den beteiligten Koeffizienten a_i abzuleiten ist.

$$\frac{\partial f(a_1, a_2, \ldots, a_n)}{\partial a_1} = \sum_{i=1}^m 2(\Delta z_i - a_1 \cdot \Delta T_{1i} - a_2 \cdot \Delta T_{2i} - \ldots - a_n \cdot \Delta T_{ni})(-\Delta T_{1i})$$

$$\frac{\partial f(a_1, a_2, \ldots, a_n)}{\partial a_2} = \sum_{i=1}^m 2(\Delta z_i - a_1 \cdot \Delta T_{1i} - a_2 \cdot \Delta T_{2i} - \ldots - a_n \cdot \Delta T_{ni})(-\Delta T_{2i})$$

$$\frac{\partial f(a_1, a_2, \ldots, a_n)}{\partial a_3} = \sum_{i=1}^m 2(\Delta z_i - a_1 \cdot \Delta T_{1i} - a_2 \cdot \Delta T_{2i} - \ldots - a_n \cdot \Delta T_{ni})(-\Delta T_{3i})$$

$$\vdots \quad\quad\quad\quad\quad\quad\quad\quad\quad\quad\quad\quad\quad\quad (27)$$

Um ein Minimum zu erhalten, müssen die partiellen Ableitungen zu Null gesetzt werden. Daraus entstehen dann die sogenannten Normalgleichungen.

Man erhält das folgende Gleichungssystem:

$$\sum_{i=1}^{m} \Delta z_i \cdot \Delta T_{1i} = a_1 \sum_{i=1}^{m} (\Delta T_{1i})^2 + a_2 \sum_{i=1}^{m} \Delta T_{1i} \cdot \Delta T_{2i} + a_3 \sum_{i=1}^{m} \Delta T_{1i} \cdot \Delta T_{3i} + \ldots$$

$$\sum_{i=1}^{m} \Delta z_i \cdot \Delta T_{2i} = a_1 \sum_{i=1}^{m} \Delta T_{2i} \cdot \Delta T_{1i} + a_2 \sum_{i=1}^{m} (\Delta T_{2i})^2 + a_3 \sum_{i=1}^{m} \Delta T_{2i} \cdot \Delta T_{3i} + \ldots$$

$$\sum_{i=1}^{m} \Delta z_i \cdot \Delta T_{3i} = a_1 \sum_{i=1}^{m} \Delta T_{3i} \cdot \Delta T_{1i} + a_2 \sum_{i=1}^{m} \Delta T_{3i} \cdot \Delta T_{2i} + a_3 \sum_{i=1}^{m} (\Delta T_{3i})^2 + \ldots$$

$$\vdots \tag{28}$$

Als Matrix stellt sich das lineare Gleichungssystem in
der folgenden Form dar:

$$\begin{pmatrix}
\Sigma(\Delta T_{1i})^2 & \Sigma \Delta T_{1i} \cdot \Delta T_{2i} & \Sigma \Delta T_{1i} \cdot \Delta T_{3i} & \cdots & \Sigma \Delta z_i \cdot \Delta T_{1i} \\
\Sigma \Delta T_{2i} \cdot \Delta T_{1i} & \Sigma(\Delta T_{2i})^2 & \Sigma \Delta T_{2i} \cdot \Delta T_{3i} & \cdots & \Sigma \Delta z_i \cdot \Delta T_{2i} \\
\Sigma \Delta T_{3i} \cdot \Delta T_{1i} & \Sigma \Delta T_{3i} \cdot \Delta T_{2i} & \Sigma(\Delta T_{3i})^2 & \cdots & \Sigma \Delta z_i \cdot \Delta T_{3i} \\
\vdots & \vdots & \vdots & & \vdots
\end{pmatrix} \tag{29}$$

Das Verfahren erlaubt es also, sämtliche vorher aufge-
nommenen Temperaturen und Verlagerungen für eine Berechnung der Koeffizientenwerte der Kompensationsglei-
chung heranzuziehen.

Der Vorgang der Lösung des aufgestellten linearen Glei-
chungssystems ist ein einmaliger Vorgang, der bei der
Inbetriebnahme der Maschine durchgeführt wird. Die Koeffizienten jeder Maschine müssen aber getrennt berechnet
werden, da auch bei gleichen Maschinenbaureihen unter-

schiedliche Lagerspiele vorliegen, die ein ungleiches
Temperatur- und damit Verlagerungsverhalten zur Folge
haben.

4.4.2 Bestimmung der Koeffizienten über den Gaußschen Algorithmus

Mehrdimensionale lineare Gleichungssysteme lassen sich
mit Hilfe des Gaußschen Algorithmus datenverarbeitungs-
gerecht aufbereiten und mit relativ geringem Aufwand
lösen /49/.

Um die Übersicht zu erleichtern soll die Arbeitsweise
des Algorithmus an einem vierdimensionalen Gleichungssystem erläutert werden.

Gegeben sei das lineare Gleichungssystem:

$$a_1 \cdot S_{1,1} + a_2 \cdot S_{1,2} + a_3 \cdot S_{1,3} + a_4 \cdot S_{1,4} = S_1$$

$$a_1 \cdot S_{2,1} + a_2 \cdot S_{2,2} + a_3 \cdot S_{2,3} + a_4 \cdot S_{2,4} = S_2$$

$$a_1 \cdot S_{3,1} + a_2 \cdot S_{3,2} + a_3 \cdot S_{3,3} + a_4 \cdot S_{3,4} = S_3$$

$$a_1 \cdot S_{4,1} + a_2 \cdot S_{4,2} + a_3 \cdot S_{4,3} + a_4 \cdot S_{4,4} = S_4 \qquad (30)$$

Die Hilfssummenwerte S_i und $S_{i,j}$ werden in eine Matrize
eingebaut, die a_i sind die zu berechnenden Koeffizienten.

$$\begin{pmatrix} S_{1,1} & S_{1,2} & S_{1,3} & S_{1,4} & S_1 \\ S_{2,1} & S_{2,2} & S_{2,3} & S_{2,4} & S_2 \\ S_{3,1} & S_{3,2} & S_{3,3} & S_{3,4} & S_3 \\ S_{4,1} & S_{4,2} & S_{4,3} & S_{4,4} & S_4 \end{pmatrix} = M \qquad (31)$$

Durch stufenweise Umwandlung in einem fortgesetzten Eliminationsprozeß mit der Cramerschen Regel erhält man schließlich die Nullmatrix.

Schrittweise geht man dabei so vor, daß die Koeffizienten der 1. Spalte bzw. 1. Reihe des neuen Systems verschwinden.

Im 1. Schritt werden also

$$S_{2,2}' = \frac{S_{2,1} \cdot S_{1,2}}{S_{1,1}} - S_{2,2}$$

$$S_{2,3}' = \frac{S_{2,1} \cdot S_{1,3}}{S_{1,1}} - S_{2,3}$$

$$S_{3,2}' = \frac{S_{3,1} \cdot S_{1,2}}{S_{1,1}} - S_{3,2}$$

$$S_{2}' = \frac{S_{2,1} \cdot S_{1}}{S_{1,1}} - S_{2}$$

usw. berechnet.

Man erhält dadurch eine reduzierte Matrix M mit den Hilfssummengliedern S'.

$$\begin{pmatrix} S_{2,2}' & S_{2,3}' & S_{2,4}' & S_2' \\ S_{3,2}' & S_{3,3}' & S_{3,4}' & S_3' \\ S_{4,2}' & S_{4,3}' & S_{4,4}' & S_4' \end{pmatrix} = M \tag{32}$$

Um die nächste Unbekannte zu eliminieren wird ebenso verfahren und die Matrix weiter reduziert.

$$S_{3,3}'' = \frac{S_{3,2}' \cdot S_{2,3}'}{S_{2,2}'} - S_{3,3}'$$

$$S_{4,4}'' = \frac{S_{4,3}' \cdot S_{2,4}'}{S_{2,2}'} - S_{4,4}' \qquad \text{usw.}$$

Damit erhält man folgende um eine weitere Unbekannte reduzierte Matrix.

$$\begin{pmatrix} S_{3,3}'' & S_{3,4}'' & S_3'' \\ S_{4,3}'' & S_{4,4}'' & S_4'' \end{pmatrix} = M \tag{33}$$

In einem weiteren Schritt erhält man die Elemente der Ergebnismatrix.

$$S_{4,4}''' = \frac{S_{4,3}'' \cdot S_{3,4}''}{S_{3,3}''} - S_{4,4}''$$

$$S_4''' = \frac{S_{4,3}'' \cdot S_3''}{S_{3,3}''} - S_4''$$

$$\begin{pmatrix} S_{4,4}''' & S_4''' \end{pmatrix} = M \tag{34}$$

Daraus können dann aufeinanderfolgend die Koeffizienten a_i bestimmt werden.

$$a_4 = \frac{S_4{}'''}{S_{4,4}{}'''}$$

$$a_3 = \frac{S_3{}'' - S_{3,4}{}'' \cdot a_4}{S_{3,3}{}''}$$

$$a_2 = \frac{S_2{}' - S_{2,4}{}' \cdot a_4 - S_{2,3}{}' \cdot a_3}{S_{2,2}{}'}$$

$$a_1 = \frac{S_1 - S_{1,4} \cdot a_4 - S_{1,3} \cdot a_3 - S_{1,2} \cdot a_2}{S_{1,1}}$$

Damit erhält man die Koeffizienten a_i, auch thermische Nachgiebigkeit genannt, zur Berechnung der zeitunabhängigen Verlagerungen.

4.5 Ergebnisse des Kompensationsverfahrens

Durch die automatisierte Meßwerterfassung der Temperaturen sowie der zugehörigen Verlagerungen ist eine breit angelegte Untersuchung des thermischen Verhaltens und eine Ermittlung der optimalen Kompensationskoeffizienten möglich geworden.

Dabei kann die Maschine verschiedenen Betriebsarten ausgesetzt werden. Der Untersuchungszeitraum wird von 2 bis zu 6 Stunden variiert. Gleichzeitig wird zyklisch alle 10 Sekunden die Messung aller Temperaturen und Verlagerungen durchgeführt und diese abgespeichert. Damit sind die Voraussetzungen für eine zuverlässige und systematische Auswertung geschaffen.

Mit den erstellten Auswerteprogrammen können die optimalen Koeffizienten ermittelt werden. Dies erfolgt unter der Berücksichtigung einer minimalen Zahl und der günstigsten Kombination der Meßstellen an der Maschine. Ein weiterer Gesichtspunkt der Auswertung beschäftigt sich mit der betriebsartenabhängigen Zusammenstellung und Ermittlung der entsprechenden Koeffizienten.

Die folgenden Abschnitte sind den aus diesen Untersuchungen gewonnenen Ergebnissen gewidmet. Die Ergebnisse beziehen sich dabei immer auf die drei möglichen Grundbetriebsarten von Werkzeugmaschinen. Beim Einsatz in einer Universalwerkzeugmaschine ist eine Überlagerung der ermittelten Ergebnisse notwendig.

4.5.1 Ort und Zahl der Meßstellen

Vorteilhaft für eine Integration des Kompensationsverfahrens in eine Steuerung wirkt sich die Tatsache aus,

daß in der ausgewählten Werkzeugmaschine keine konstruktiven Änderungen vorgenommen werden müssen. Dadurch ist auch gleichzeitig eine Nachrüstung des Kom-
pensationsmoduls in schon bestehende Anlagen möglich.
Der konstruktive Teil der Anpassung beschränkt sich
auf das Befestigen der Meßelemente an den ausgewählten Temperaturmeßstellen und die Anordnung der Meß-
leitungen. Um diesen Aufwand klein zu halten ist
gleichzeitig eine minimale Zahl von Meßstellen anzustreben.

4.5.1.1 Einfluß der Zahl der Meßstellen

In erster Näherung wird die Zahl der notwendigen Meßstellen durch die Komplexität der Form der Werkzeugmaschine bedingt. Daher benötigt eine geometrisch einfache Drehmaschine eine geringere Zahl von Meßelemen-
ten wie zum Beispiel eine aufwendige Vertikalfräsma-

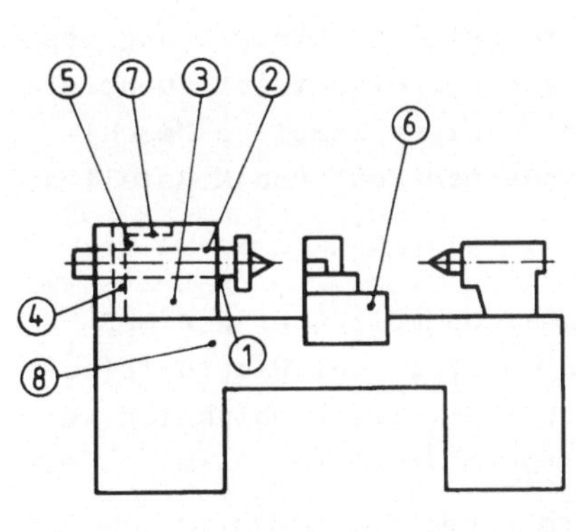

Bild 4.15: Signifikante Meßstellen an einer Drehmaschine

schine, die aus mehreren Elementblöcken aufgebaut und
gleichzeitig mehreren Wärmequellen ausgesetzt ist.

In die im Bild 4.15 schematisch dargestellte Drehmaschine sind NTC-Fühler unterschiedlicher Ausführungen
eingebaut. Entsprechend dem Ort ihrer Befestigung lassen sich drei verschiedene Bereiche unterscheiden:

1. Messung der Temperaturen möglichst nah an
   der Wärmequelle - Temperaturänderungen werden daher fast verzögerungsfrei aufgenommen.

2. Temperaturmessung an Maschinenelementen
   und Stoffströmen (Ölschmierung), denen sich
   eine Temperaturänderung zeitlich versetzt
   mitteilt und

3. Messung der meist konstanten Umgebungstemperatur, auf die dann die Messungen der beteiligten Meßstellen bezogen werden.

Der Einfluß des Meßortes wird bei der Untersuchung des
Einflusses der Betriebsart genauer diskutiert. Generell
gilt jedoch die Aussage, daß weniger komplexe Maschinen den Einsatz einer verminderten Zahl von Meßstellen
rechtfertigen.

In Bild 4.16 ist die Kompensationsgüte über der Meßstellenzahl aufgetragen für den Fall des Dauerbetriebs.
Die jeweils zugehörige beste Meßstellenkombination wurde dabei berücksichtigt.

Unter Kompensationsgüte wird dabei der Quotient aus der
Differenz der gemessenen und berechneten Verlagerungswerte zu den Verlagerungswerten verstanden.

Bemerkenswert ist, daß schon bei einer geringen Meß-

stellenzahl ein gutes Kompensationsverhalten gewährleistet ist. Ab drei eingesetzten Meßstellen nähert
sich die Kompensationsgüte asymptotisch einem festen
Beharrungswert. Eine Vollkompensation ist daher auch
mit hohem Aufwand, also einer hohen Meßstellenzahl,
nicht zu erreichen.

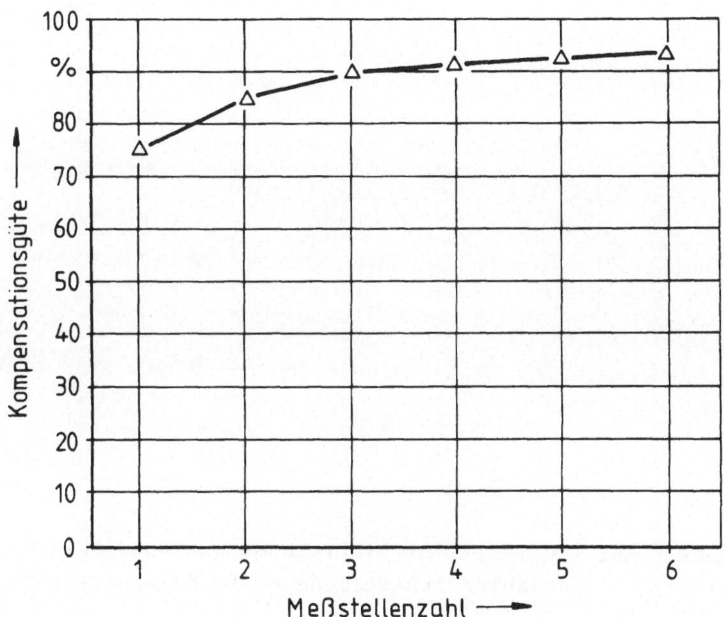

Bild 4.16: Kompensationsgüte in Abhängigkeit von der
Meßstellenzahl

4.5.1.2 Einfluß des Meßortes

Untersucht man weiterhin die ermittelten günstigsten
Meßpunkte bei einer unterschiedlichen Zahl von Meßstellen, so kann man erkennen, daß bei wachsender Meßstellenzahl die neu hinzukommende Temperatur lediglich
eine Korrektur der schon an der Kompensation beteilig-

ten Temperaturen darstellt. Der Vorgang ist in Bild 4.17
dargestellt.

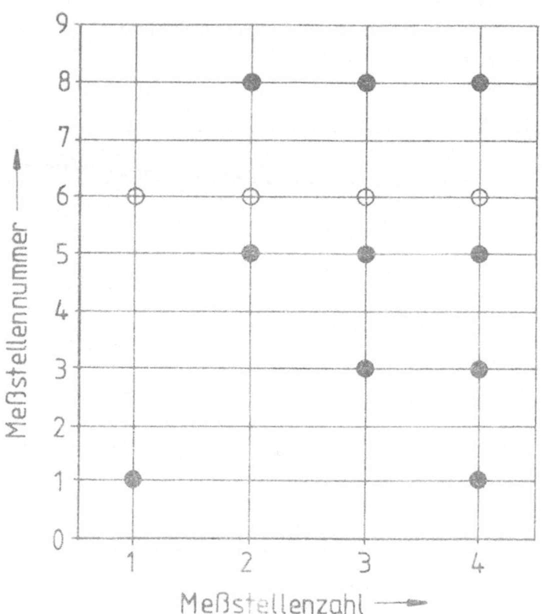

Bild 4.17: Günstigste Meßstellenkombinationen bei
variabler Meßstellenzahl im Dauerbetrieb

Diese Aussage ist jedoch nur bei einer Werkzeugmaschine mit Dauerbetrieb richtig, wenn sich die Maschine im
stationären Zustand befindet. Andere Betriebsarten,
wie periodischer und variabler Betrieb wirken sich
stark auf andere Kombinationen von Meßstellen aus,
wie aus Bild 4.18 zu erkennen ist.

Bei der Berechnung der Kompensationswerte der möglichen
Meßstellenkombinationen zeigt sich weiterhin die Eigenschaft, daß im Falle eines Einsatzes einer geringen

Zahl von Meßfühlern, die Meßstellen sehr sorgfältig
ausgesucht werden müssen.

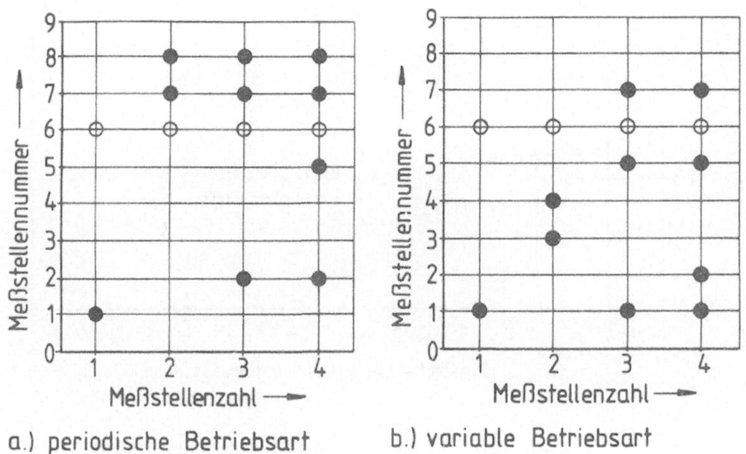

Bild 4.18: Günstigste Meßstellenkombinationen bei
periodischer (a) und variabler (b)
Betriebsart

In Bild 4.19 sind die Auswirkungen der optimalen und
einer nichtoptimalen Meßstellenkombination auf die Kompensationsgüte für den Fall des Dauerbetriebs einan-
der gegenübergestellt. Als Aussage ergibt sich dann:
Je kleiner die Zahl der eingesetzten Meßstellen ist,
umso besser müssen sie ausgewählt werden. Werden aber
umgekehrt mehrere Meßstellen eingesetzt, so strebt die
Kompensationsgüte jeweils einem der benutzten Meßstellenkombination eigenen Beharrungswert asymptotisch zu.

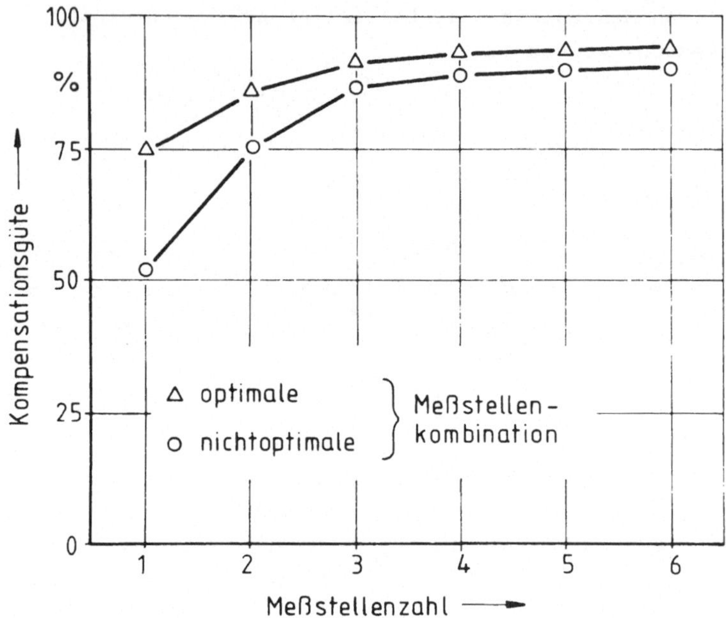

Bild 4.19: Kompensationsgüte bei optimaler und
nichtoptimaler Meßstellenkombination

4.5.2 Der Einfluß der Betriebsarten auf die Kompensationsgüte

Durch die richtige Auswahl der Meßstellen kann die
Kompensationsgüte verbessert werden. Die Auswahl der
optimalen Meßstellenkombination ist aber wiederum von
der Betriebsart abhängig, mit der die Werkzeugmaschine gefahren wird. Aus der Betriebsart ergeben sich
die zeitlichen Änderungen der Temperaturen und diese
wiederum wirken sich auf die Größenordnung der Verlagerungen aus. Es liegt also nahe, die ausgewählten
Meßstellen einer genaueren Betrachtung zu unterziehen.
Aus Bild 4.17 ist zu erkennen, daß im Dauerbetrieb be-

sonders die Meßstellen 3, 5 und 8 dominierend sind.
Wie erwartet, haben für diese Betriebsart die weiter
entfernten Meßstellen eine erhöhte Bedeutung, was
auch durch die Darstellung in Bild 4.7 und Bild 4.8
belegt wird. Bei den ermittelten optimalen Meßstellen handelt es sich um die Schmieröltemperatur (3),
die Temperatur am hinteren Radiallager (5) und der
zeitlich verzögert ansteigenden Temperqtur am Maschinen-
bett (8).

Berücksichtigt man nur die aus dem Dauerbetrieb gewonnenen Koeffizienten zur Berechnung der Verlagerungswerte, so ergibt sich die in Bild 4.20 dargestellte
Restabweichung.

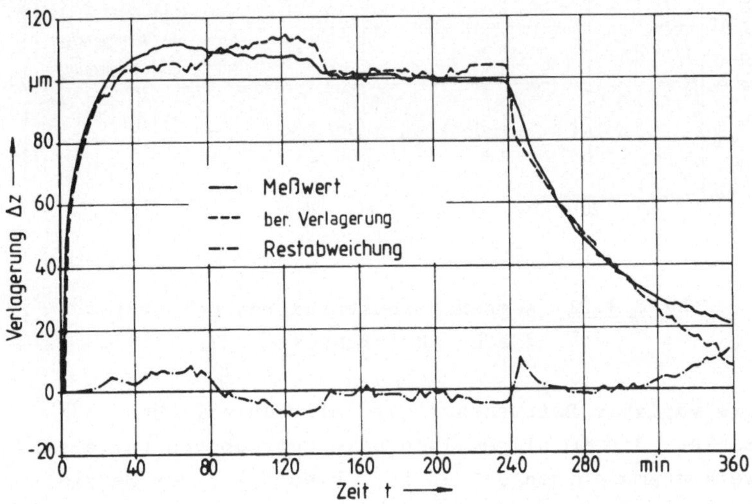

Bild 4.20: Kompensationsverhalten im Dauerbetrieb

Betrachtet man im Gegensatz dazu den Fall der rein pe-
riodischen Betriebsart aus Bild 4.18 (a) und die Temperaturen aus Bild 4.10, so erkennt man die Dominanz
der Meßstellen 2, 7 und 8. Dabei handelt es sich um

die Temperatur des vorderen Axiallagers der Hauptspindel (2), die Innenwandtemperatur des Getriebekastens (7) und wiederum die Temperatur des Maschinenbetts (8). Wie erwartet, erweisen sich für die periodische Betriebsart die einer Temperaturänderung schnell folgenden Meßstellen 2 und 7 als optimal. Die daraus errechneten Verlagerungswerte sind im Bild 4.21 den gemessenen Verlagerungswerten entgegengestellt.

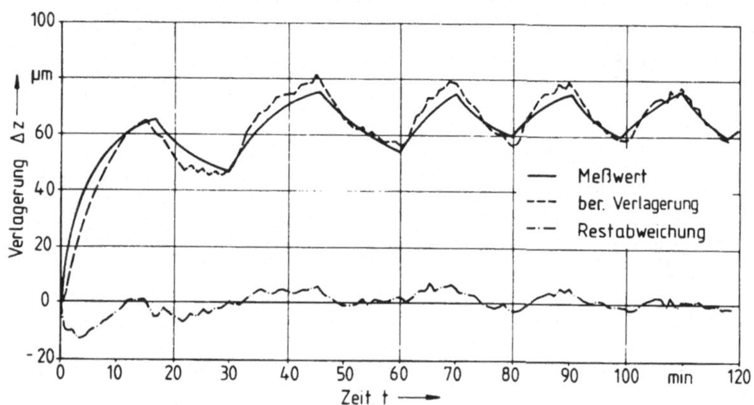

Bild 4.21: Kompensationsverhalten bei periodischer Betriebsart

Die variable Betriebsart mit unterschiedlichen Drehzahlen, die im allgemeinen beim Betrieb von Universalwerkzeugmaschinen üblich ist, bietet von der Meßstellendominanz her gesehen kein so einheitliches Bild, wie die beiden vorher betrachteten Fälle. Es kristallisieren sich jedoch die Meßstellen 1, 5 und 7 heraus, (siehe auch Bild 4.18 (b)). Dabei handelt es sich um Meßstellen, die nahe der Wärmequellen die die Verlagerungen bewirkenden Temperaturänderungen erfassen. In Bild 4.22 sind die gemessenen den berechneten Verlagerungen gegenübergestellt.

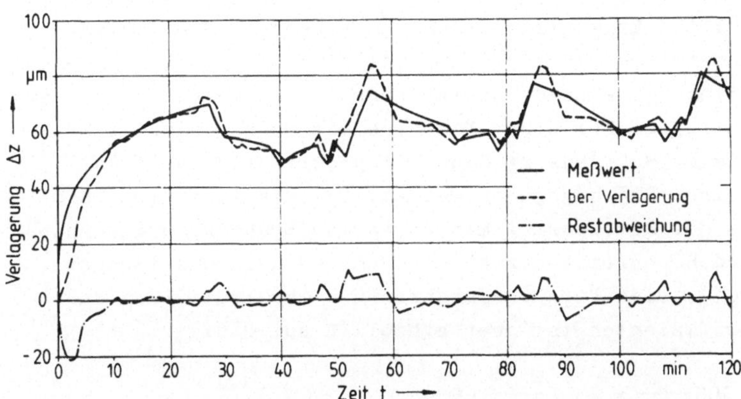

Bild 4.22: Kompensationsverhalten bei variabler Betriebsart

Die hier skizzierten Betriebsarten sind zwar für gewisse Einsatzfälle der Werkzeugmaschinen charakteri-
stisch. Eine stets gleichartige Betriebsart, die, wie
gezeigt, leicht zu kompensieren ist, bleibt jedoch ein
Sonderfall.

4.5.3 Ergebnisse des Kompensationsverfahrens
bei gemischten Betriebsarten

Reale Betriebsbedingungen können durch ein willkürli-
ches Mischen der einzelnen Betriebsarten erzeugt werden. Arbeitet das entwickelte Kompensationsverfahren
dann noch entsprechend gut, d.h., eine definierte Kompensationsgüte muß gewährleistet sein, so ist das Verfahren allgemein anwendbar.

Werden die Koeffizienten zur Berechnung der Korrekturwerte aus den Versuchen nur einer Betriebsart gewonnen, so ergeben sich die besten Werte naturgemäß für diese selbst. Untersucht man die in Bild 4.23 dargestellten Ergebnisse, kann man erkennen, daß die im Dauerbetrieb gewonnenen Koeffizienten für eine Kompensation schon zuverlässige Ergebnisse liefern, d.h. der Restfehler bei einer Maschine mit vorher nicht festgesetzter Betriebsart kann mit großer Sicherheit auf kleiner 20% angegeben werden. Die Koeffizienten, die aus der Betriebsart mit variablen Drehzahlen gewonnen werden, erreichen zwar eine höhere Kompensationsgüte (90%), eine Versuchsdurchführung zur Ermittlung der Koeffizienten ist aber erheblich aufwendiger.

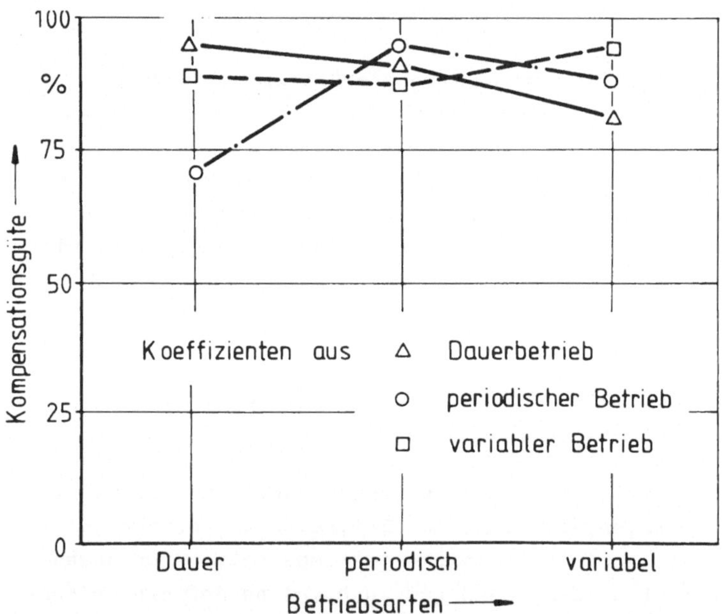

Bild 4.23: Abhängigkeit der Kompensationsgüte von der Betriebsart bei der Verwendung unterschiedlicher Koeffizientensätze

Die Ermittlung der Koeffizienten aus mehreren Betriebsarten (siehe Bild 4.24) bringt überraschenderweise keine Verbesserung der Kompensationsgüte, ebenso die Einbeziehung aller Betriebsarten in die Koeffizientenbestimmung. Bemerkenswert hingegen ist aber die Aussage,
daß die optimale Meßstellenkombination bei variabler
Betriebsart (Meßstellen 1,2,57) auch bei einer Anwendung auf die anderen Betriebsarten die besten Ergebnisse liefert. Dieser Sachverhalt ist in Bild 4.25 dargestellt.

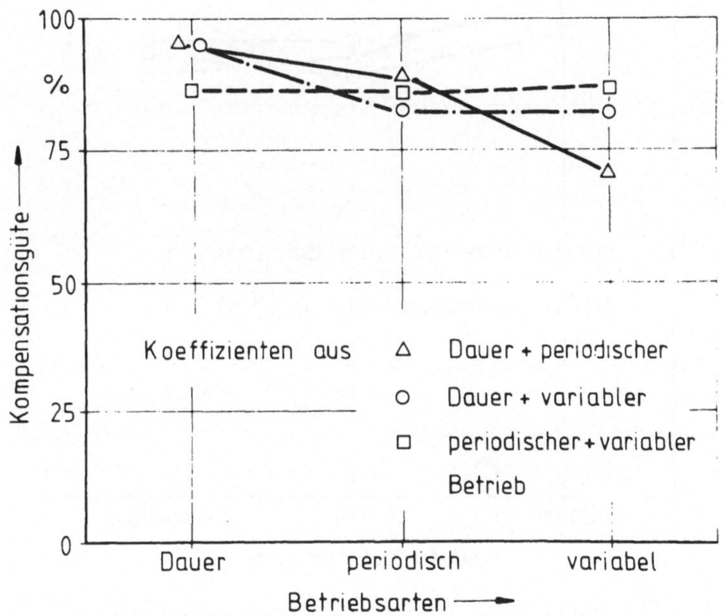

<u>Bild 4.24:</u> Auswirkungen auf die Kompensationsgüte im
Fall einer Koeffizientenbestimmung aus unterschiedlichen Betriebsarten

Zusammenfassend läßt sich daher aussagen, daß es also
genügt, die Koeffizienten in einem Versuch bei maxima-

ler Drehzahl der Hauptspindel der Maschine zu bestimmen. Damit kann auch für die anderen Betriebsarten eine Kompensationsgüte von 80% gewährleistet werden. Der Aufwand für eine Ermittlung der Koeffizienten wird dadurch stark herabgesetzt. Der Werkzeugmaschinenhersteller kann sie also ohne großen Aufwand der Genauigkeitsuntersuchung nach VDI/DGQ 3442 und 3443 /52/ voranstellen.

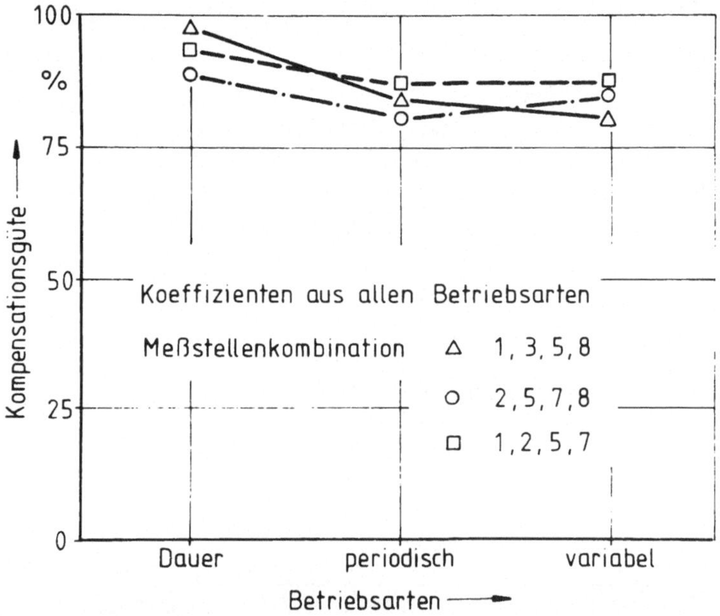

Bild 4.25: Auswirkungen auf die Kompensationsgüte im Fall einer Koeffizientenbestimmung aus allen Betriebsarten und gleichzeitiger Anwendung der jeweils günstigsten Meßstellenkombination

5. FUNKTIONSBAUSTEIN BAHNÜBERWACHUNG

Ziel der Kopplung von CNC-Steuerung und Werkzeugmaschine ist die Erhöhung der Produktivität. Dies kann dadurch erreicht werden, indem der Aufwand zur Eingabe der Fertigungsinformation herabgesetzt wird und indem Ausschuß durch die Beherrschung der Störgrößen des Fertigungsprozesses vermieden wird. Dazu können aber auch Überwachungsfunktionen beitragen, die die Sicherheit der Maschine und damit gleichzeitig die Sicherheit des Bearbeitungsprozesses und des Bedienmannes gewährleisten.

Ein Funktionsbaustein, der eine solche Überwachungsfunktion wahrnimmt, wird im folgenden Abschnitt vorgestellt.

5.1 Bahnüberwachungssystem für numerisch gesteuerte Werkzeugmaschinen

Während des Positioniervorgangs besteht bei Punktsteuerungen kein funktioneller Zusammenhang zwischen den Einzelbewegungen der beteiligten Achsen. Eine Bearbeitung ist daher erst nach Erreichen der programmierten Endposition sinnvoll. Streckensteuerungen hingegen erlauben ein achsparalleles Verfahren mit einer vorgegebenen Vorschubgeschwindigkeit. Daher ist ein definiertes achsparalleles Arbeiten möglich.

Zur Herstellung von Werkstücken mit komplexen Werkstückgeometrien ist jedoch der Einsatz einer Bahnsteuerung erforderlich. Dabei ergibt sich die Kontur durch ein simultanes Verfahren der einzelnen Maschinenachsen, wobei zwischen den Einzelbewegungen ständig ein funktioneller Zusammenhang besteht. Dazu werden die in der

Steuerung vorliegenden Eingabeinformationen im Inter-
polator zu den Lageführungsgrößen als feingestufte
Weg-Zeit-Funktion verarbeitet und formatiert an die
Antriebe ausgegeben.

In Bild 5.1 ist das Zusammenwirken zweier Achsen schematisch dargestellt. Die Lageregelung führt die einzelnen Maschinenachsen ihren jeweiligen Sollwerten, den
Führungsgrößen, nach. Dadurch ergibt sich eine Relativbewegung zwischen Werkzeug und Werkstück entlang einer
ebenen Bahn. Im allgemeinen stimmt diese nicht mit der
programmierten Bahn überein - es ergeben sich Bahnabweichungen.

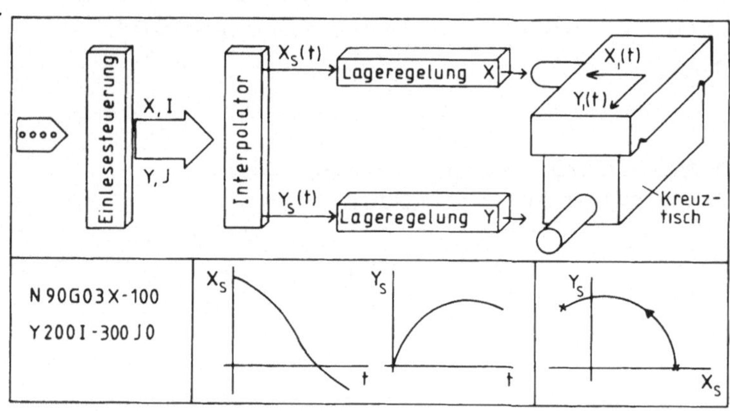

Bild 5.1: Informationsfluß und Bahnerzeugung
in einer numerischen Steuerung

5.2 Auswirkungen von Bahnabweichungen

Ursache für Bahnabweichungen sind von außen wirkende
Störgrößen, wie nach Betrag und Richtung wechselnde
Bearbeitungskräfte, ein unterschiedliches Übertragungsverhalten der verschiedenen Achsen und vor allem Nicht-
linearitäten in Form von Beschränkungen der Stellgrös-
sen /53/. Die Beschränkungen wirken sich vor allem bei
Bahnrichtungsänderungen aus. Folge davon sind Gestalts-
und Formabweichungen an dem zu fertigenden Werkstück,
was durch die Darstellung in Bild 5.2 verdeutlicht
wird.

Die am Werkstück erzeugten Fehler haben häufig ein
Überschreiten der vorgeschriebenen Toleranzen zur Folge, was zu einer erheblichen Nacharbeit am Werkstück
oder gar zu dessen Unbrauchbarkeit führen kann.

In besonders schwerwiegenden Fällen kann dabei das
Werkzeug zerstört und die Maschine beschädigt werden,
was gleichzeitig eine beachtliche Gefährdung des Maschinenbedieners zur Folge hat. Zur Vermeidung der auf-
geführten Schadensfälle bietet sich ein Bahnüberwachungssystem an, das in eine moderne CNC-Steuerung integriert,
den Arbeitsablauf in der Werkzeugmaschine überwacht.
Diese Forderung ergibt sich vor allem bei der Bearbeitung von sehr teueren Werkstücken, wie zum Beispiel bei
Flugzeugteilen oder beim Einsatz teurer Werkzeuge. Die
finanziellen Verluste sind zum Teil beträchtlich, wenn
man bedenkt, daß oft drei oder vier Titanteile gleichzeitig über mehrere Schichten bei einem Maschinenstun-
densatz von ca. DM 250,-- mehrspindlig bearbeitet werden.

Im allgemeinen erfolgt die Steuerung der Achsen der
Werkzeugmaschine durch die Lageregelkreise, die aus
einer Regeleinrichtung, einem geschwindigkeitsgeregel-

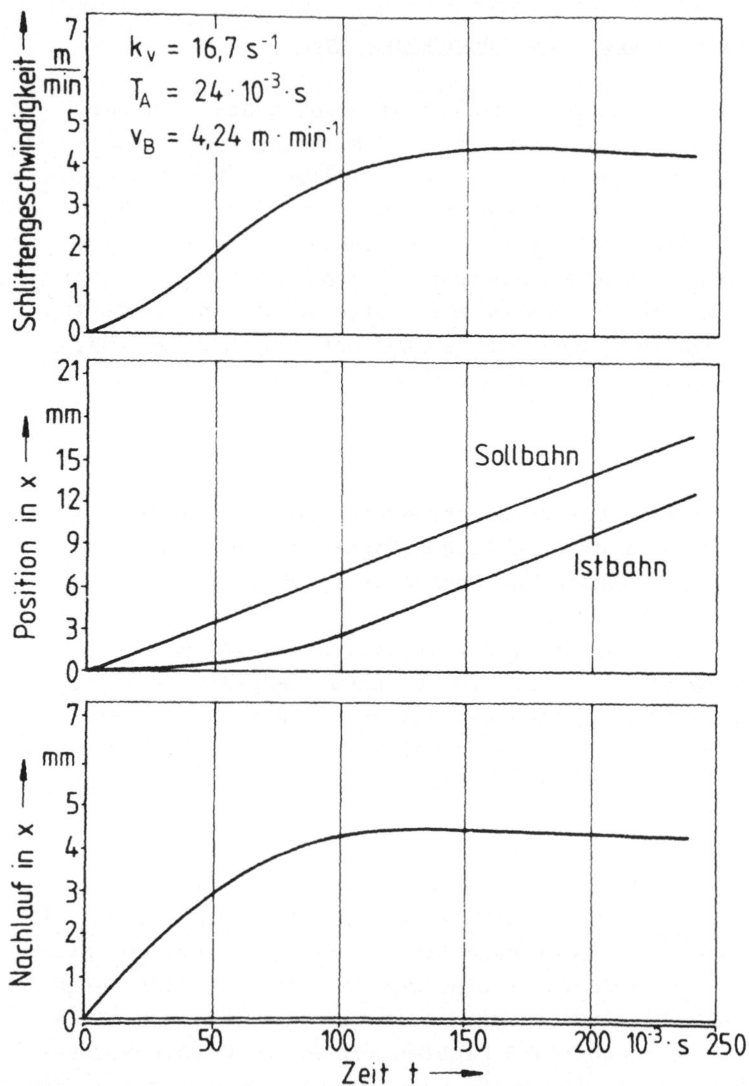

Bild 5.2: Lagesoll-, Lageistwert und Nachlauf für
einen Vorschubantrieb mit Verzögerung
1. Ordnung

ten Vorschubantrieb und einem Meßsystem zum Erfassen
der Lageistwerte bestehen.

5.3 Maximalwert- und Toleranzbandüberwachung

Die stetig wachsenden Anforderungen an die Arbeitsgenauigkeit der Werkzeugmaschinen, verbunden mit einer
ständigen Erhöhung der Vorschubgeschwindigkeit, entsprechend der Entwicklung auf dem Schneidstoffmarkt,
machen ein Überwachen von Werkzeugbahnen unumgänglich.

Auf eine Achsüberwachung konnte auch bisher nicht verzichtet werden. Eine übliche Methode der Überwachung
besteht darin, die Bearbeitung dann abzubrechen, also
den Vorschub zurückzunehmen, wenn die Differenz des gerade anstehenden Lagesoll- und Lageistwerts einen vorgegebenen Maximalwert übersteigt. Die Arbeitsweise dieser Methode ist in Bild 5.3 b wiedergegeben. Aufgrund
der direkten Abhängigkeit von Vorschub und Nachlauf muß
eine Nachlaufüberwachung auf den maximalen Vorschubwert ausgelegt sein. Die Wirksamkeit dieser Überwa-
chungseinrichtung ist damit stark eingeschränkt - es
können aber große Maschinenschäden durch den Einsatz
der Nachlaufüberwachung verhindert werden. Das Ziel der
vorliegenden Arbeit lag darin, ein Überwachungssystem
mit einem engen Toleranzbereich, wie in Bild 5.3 c dargestellt, zu entwickeln, bei dem auftretende Bahnfehler über den ganzen Vorschubbereich der Maschine zu-
verlässig und rechtzeitig erkannt werden können.

Um ein konstantes Toleranzband zur Überwachung einset-
zen zu können, muß der den Nachlauf beeinflussende dynamische Nachlaufanteil erkannt und herausgefiltert
werden.

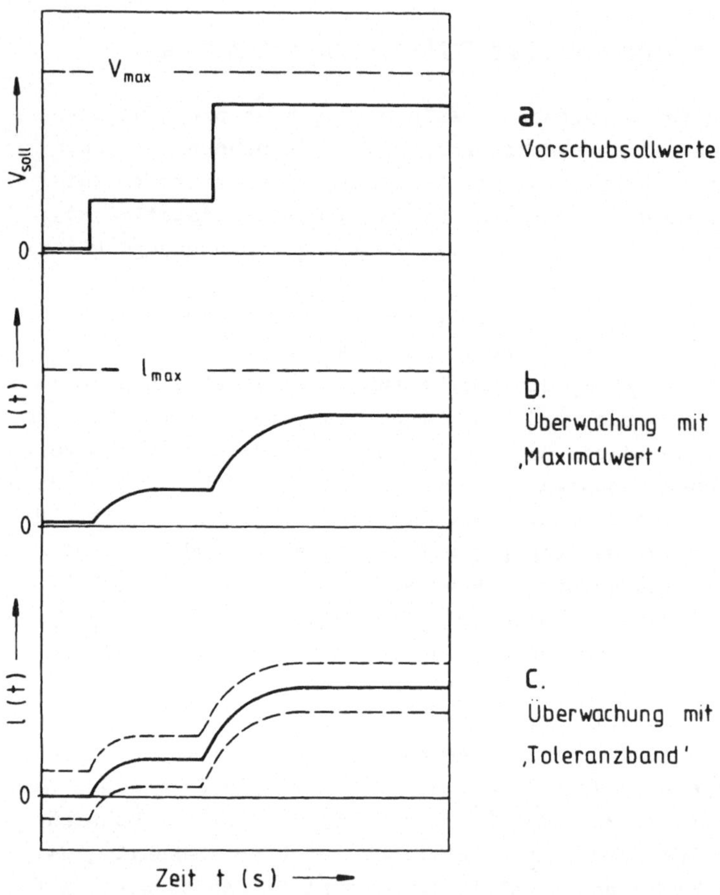

<u>**Bild 5.3:**</u> Arbeitsprinzip der Maximalwert- (b) und der entwickelten Toleranzbandüberwachungseinrichtung (c)

5.4 Informationsverarbeitung und Bahnerzeugung

Die Steuerinformationen, die in DIN 66025 /28/ definiert sind, bilden die markanten Stützstellen für den
Fertigungsablauf. Zur Bildung der Lagesollwerte reichen diese Informationen jedoch nicht aus. Zu diesem
Zweck werden Führungsgrößen gebildet, die sich aus der
Abtastung der stetigen Funktionen $x_s(t)$, $y_s(t)$, ...
usw. ergeben, die die Werkzeugmittelpunktsbahn in Abhängigkeit von der Zeit t beschreiben. Dabei kann ein
digital arbeitendes Steuerungssystem die Führungsgrös-
sen nicht kontinuierlich vorgeben, sondern berechnet
entsprechend den Bahndaten eine Folge diskreter Lagesollwerte.

In Bild 5.4 sind die beiden Möglichkeiten einer dis-
kreten, rechnergeeigneten Bahnerzeugung dargestellt.
Die Berechnung der Bahnstützpunkte erfolgt dabei durch
digitale Integratoren, der Wegzuwachs entspricht hier
unabhängig von der Bahngeschwindigkeit einem konstan-
ten Weginkrement Δx, Δy, ... usw., oder durch Abtastung
der stetigen Wegfunktionen mit einer konstanten Abtastfrequenz.

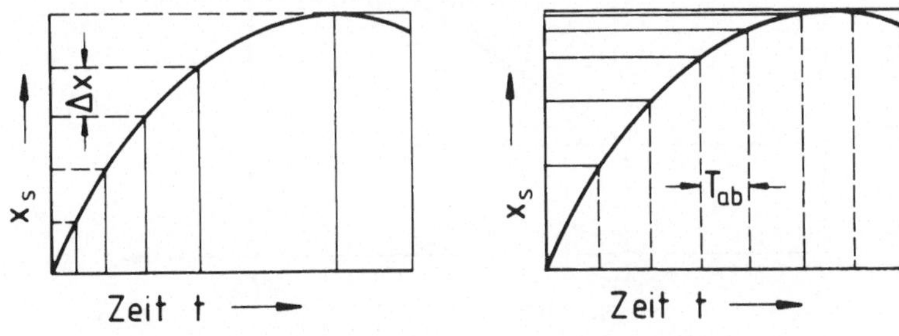

__Bild 5.4:__ Abtastung mit konstantem Weg- bzw.
Zeitinkrement

Die gewünschte Vorschubgeschwindigkeit ergibt sich im Falle konstanter Weginkremente aus einer veränderlichen Pulsfolge, beim Verfahren mit konstanter Abtastfrequenz durch die Amplitude des Tastsignals x_s, wie rechts in Bild 5.4 zu erkennen ist.

Die Berechnung der feingestuften Führungsgrößen wird von den Interpolatoren übernommen. Bei den Interpolationsmethoden kann man sich dabei auf die Linear-, Zirkular- und gegebenenfalls die Parabolinterpolation beschränken, auf deren Funktionen die technische Formenvielfalt beruht /54/. Da ein Bahnüberwachungssystem von der Art der verwendeten Interpolatoren abhängt, soll deren Arbeitsweise kurz erläutert werden.

5.4.1 Lineare Interpolation

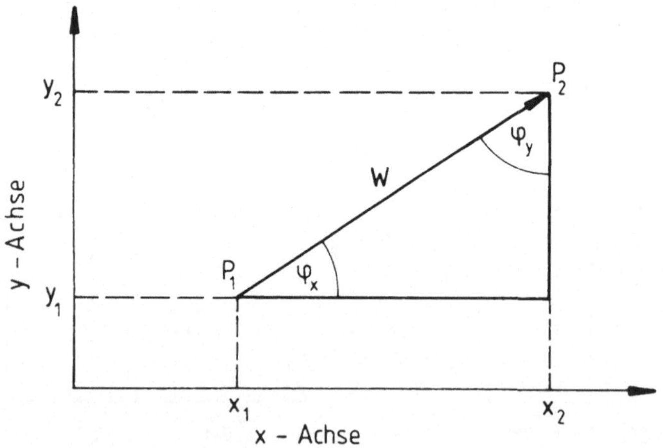

Bild 5.5: Bahnerzeugung mit Linearinterpolation

Soll die Bearbeitung eines Werkstücks zwischen zwei
aufeinanderfolgenden Positionen entlang einer Geraden
mit konstanter Bahngeschwindigkeit erfolgen, so müssen die achsbezogenen Weganteile jeweils im gleichen
Zeitintervall durchfahren werden. Die gesamte Verfahr-
zeit T_b für einen Satz ergibt sich aus dem Abstand w
der aufeinanderfolgenden Positionen und der programmierten Vorschubgeschwindigkeit v_b.

Für zwei orthogonale Achsen, x, y erhält man, wie aus
Bild 5.5 abzuleiten ist:

$$w = + \sqrt{(x_2 - x_1)^2 + (y_2 - y_1)^2} \qquad (35)$$

$$T_b = \frac{w}{v_b} \qquad (36)$$

Bei einer konstanten Abtastzeit T_{ab} kann daraus die er-
forderliche Zahl von Bahnstützstellen k, sowie das pro
Abtastintervall zu verfahrende Weginkrement Δw berechnet werden:

$$k = \frac{T_b}{T_{ab}} = \frac{w}{v_b \cdot T_{ab}}$$

$$\Delta w = \frac{w}{k} = v_B \cdot T_{ab} \qquad (37)$$

Dabei hängt der Achsanteil mit der zu durchfahrenden
Gesamtlänge w mit dem Cosinus des Winkels zwischen Werkzeugbahn und der jeweiligen Koordinatenachse zusammen,
also

$$\cos \varphi_x = \frac{x_2 - x_1}{w} \qquad \cos \varphi_y = \frac{y_2 - y_1}{w} \qquad (38)$$

Der aktuelle Sollwert zum Zeitpunkt $T_j = j \cdot T_{ab}$ kann
dann bestimmt werden als:

$$x = x_1 + j \cdot \Delta w_x \quad \text{mit } \Delta w_x = \Delta w \cdot \cos \varphi_x$$

$$y = y_1 + j \cdot \Delta w_y \quad \text{mit } \Delta w_y = \Delta w \cdot \cos \varphi_y$$

In der Regel ist die Zahl der Bahnstützpunkte k nicht ganzzahlig, so daß zum genauen Erreichen der Endposition $P_2(x_2, y_2)$ das Weginkrement für das letzte Abtastintervall gemäß dem verbleibenden Rest verändert werden muß.

5.4.2 Zirkulare Interpolation

Im Gegensatz zur Linearinterpolation beschränkt sich bei der Zirkularinterpolation die Zahl der an der Interpolation beteiligten Achsen auf zwei, die eine Ebene aufspannen.

In der x,y-Ebene gilt für die Bahnstützpunkte die Kreisgleichung:

$$(x - x_m)^2 + (y - y_m)^2 = R^2,$$

wobei die Werte x_m und y_m den Kreismittelpunkt darstellen und R den Bahnradius bezeichnet.

Da eine Bearbeitung mit konstanter Bahngeschwindigkeit erfolgen soll, muß das pro Intervall durchfahrene Winkelinkrement konstant sein.

Mit den in Bild 5.6 benutzten Bezeichnungen folgt dann:

$$\widehat{\Delta \varphi} = \frac{\Delta w}{R} = \frac{v_B \cdot T_{ab}}{R} = \text{const} \tag{39}$$

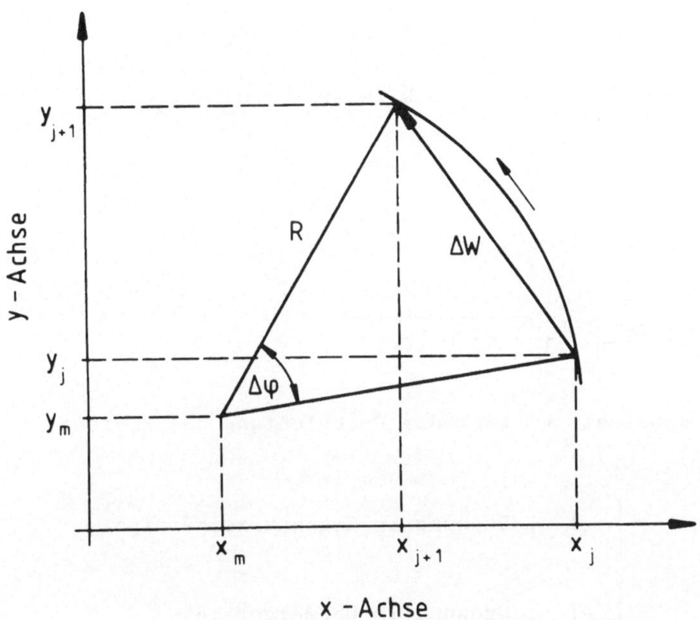

Bild 5.6: Bahnerzeugung bei Zirkularinterpolation

Das zu durchfahrende Kreisbogenelement wird dabei durch
das Sekantenstück ersetzt, für das gilt:

$$\Delta W = \sqrt{(x_{(j+1)} - x_j)^2 + (y_{(j+1)} - y_j)^2}, \tag{40}$$

oder durch den Sinus-Satz ausgedrückt:

$$\Delta W = 2 \cdot R \cdot \sin \frac{\widehat{\Delta \varphi}}{2} \tag{41}$$

Damit können die Koordinaten des darauffolgenden Bahn-
stützpunktes zum Zeitpunkt $t_{j+1} = (j+1)\, T_{ab}$ berechnet
werden.

$$x_{j+1} = (x_j - x_m) \cdot c_1 - k_r (y_j - y_m) \cdot c_2 + x_m$$

$$y_{j+1} = (y_j - y_m) \cdot c_1 + k_r (x_j - x_m) \cdot c_2 + y_m$$

mit

$$c_1 = (1 - \frac{(\Delta w)^2}{2 \cdot R^2}) \qquad\qquad (42)$$

$$c_2 = \frac{\Delta w}{2 \cdot R^2} \cdot \sqrt{4 R^2 - (\Delta w)^2}$$

Die Konstante k_r legt die Drehrichtung des Kreises
fest:

$$k_r = \begin{cases} 1 & , \text{ Drehung im Gegenuhrzeigersinn} \\[2em] -1 & , \text{ Drehung im Uhrzeigersinn} \end{cases}$$

5.5 Diskussion der Ursachen von Bahnabweichungen

Bahnabweichungen sind das Ergebnis verschiedenartiger,
oftmals gleichzeitig auftretender Störungen /55 - 59/.
Die daraus entstehenden Konturfehler lassen sich dabei
nur sehr schwer einzelnen Ursachen zuordnen. Um die Auswirkungen auf die Bahnabweichung zu erkennen, sollen im
folgenden einige elementare Übertragungsfehler und die
daraus resultierenden Bahnabweichungen näher untersucht
werden.

Die verzögerte Signalübertragung des Lageregelkreises
erzeugt ein Nachlaufen des Lageistwertes gegenüber dem
Sollwert. Die Größe der Abweichung ist der Vorschubgeschwindigkeit direkt proportional und wird deswegen

auch oft als Geschwindigkeitsfehler bezeichnet. Der
Gesamtnachlauf l_{Ges} ergibt sich, wenn die orthogonalen
Achsen zusammen betrieben werden. Wegen der Konstanz
des Quotienten aus Antriebssollgeschwindigkeit v_{xr} und
achsspezifischen Nachlauf l_x gilt:

$$k_{vx} = \frac{v_{xr}}{l_x} \, , \tag{43}$$

und damit:

$$l_{Ges} = \sqrt{l_x^2 + l_y^2} = \sqrt{(\frac{v_{xr}}{k_{vx}})^2 + (\frac{v_{yr}}{k_{vy}})^2} \, . \tag{44}$$

Ist der Einschwingvorgang beendet, der stationäre Zustand also erreicht, gehen die Einzelabweichungen in
die Darstellung von Gleichung (45) über, und setzt man
gleiche Reglereinstellung, also $k_v = k_{vx} = k_{vy}$ voraus,
so wird wegen

$$v_{nr} = v_{ns} = v_b \cdot \cos \varphi_n, \quad \text{mit} \quad n = x,y$$

der Gesamtnachlauf zu:

$$l_{Ges} = \frac{1}{k_v} \sqrt{\Sigma(v_b \cdot \cos \varphi_n)^2} = \frac{v_b}{k_v} \tag{45}$$

Da bei gleichen achsspezifischen k_v-Werten das Verhält-
nis der Einzelabweichungen nur von der Bahnrichtung abhängt, sind beim linearen Verfahren Soll- und Istbahn
identisch. Aufgrund des immer vorhandenen Schleppabstan-
des entstehen aber bei Bahnrichtungsänderungen, die ohne
Halt durchfahren werden, Bahnverzerrungen. Diese äußern
sich durch ein Verschleifen scharfkantiger Ecken und gegebenenfalls ein anschließendes Überschwingen.

Im Bild 5.7 sind die Bahnverzerrungen, die beim Umfah-

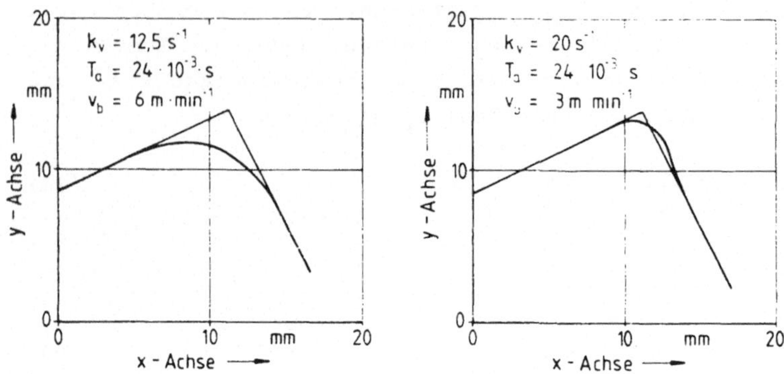

Bild 5.7: Einfluß des k_v-Wertes beim Umfahren einer rechtwinkligen Ecke

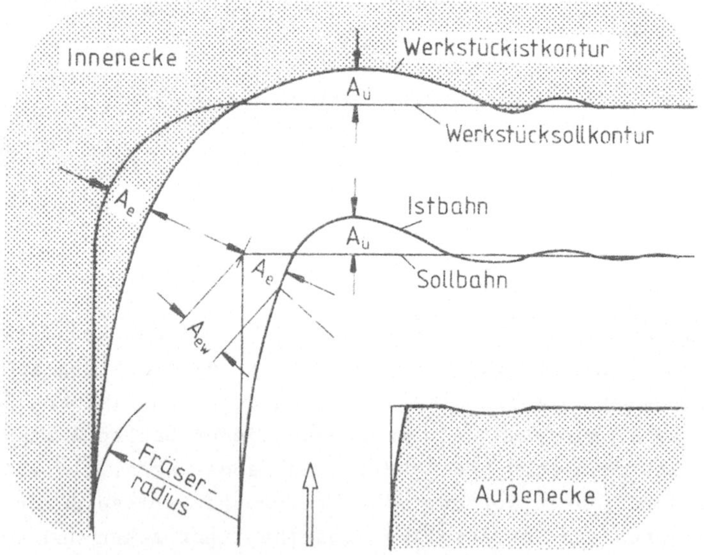

Bild 5.8: Auswirkungen von Bahnfehlern auf die Endkontur /60/

ren einer rechtwinkligen Kontur entstehen, dargestellt.
Im Falle eines größeren k_v-Wertes treten dabei sowohl
ein Verschleifen, als auch ein Überschwingen auf. Mit
einer verringerten Geschwindigkeitsverstärkung k_v kann
das Überschwingen weitgehend vermieden werden. Dabei
besitzen beide Vorschubantriebe das dynamische Verhalten eines Verzögerungsgliedes 1. Ordnung.

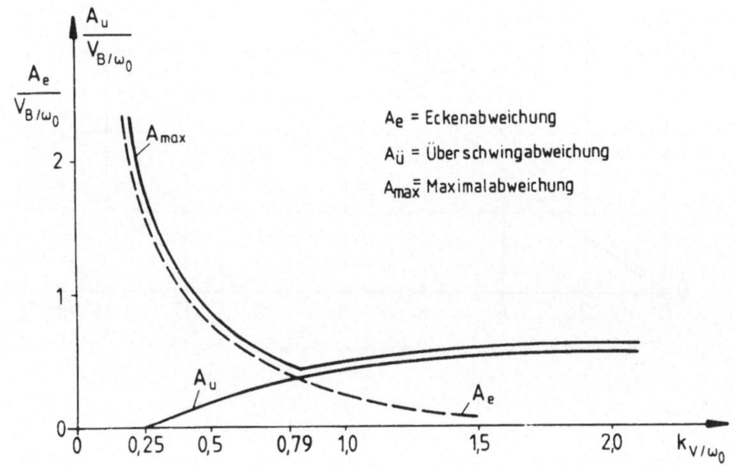

<u>Bild 5.9:</u> Ecken- und Überschwingabweichung in Abhängig-
keit von der Größe der Geschwindigkeitsverstärkung k_v /60/

Bahnabweichungen haben stets Konturfehler zur Folge
/60, 61/. Die Größe der Fehler sind vom Werkzeugradius,
ob es sich um eine Innen- oder Außenecke handelt, vom
Eckenwinkel und der Bahngeschwindigkeit v_b abhängig.
In Bild 5.8 sind die Auswirkungen der Bahnfehler auf
die Kontur dargestellt. In Bild 5.9 sind die Eckenab-
weichung A_e und die Überschwingabweichung $A_ü$ dimensions-
los über dem Quotienten aus Geschwindigkeitsverstärkung
k_v und Kennkreisfrequenz ω_0 aufgetragen.

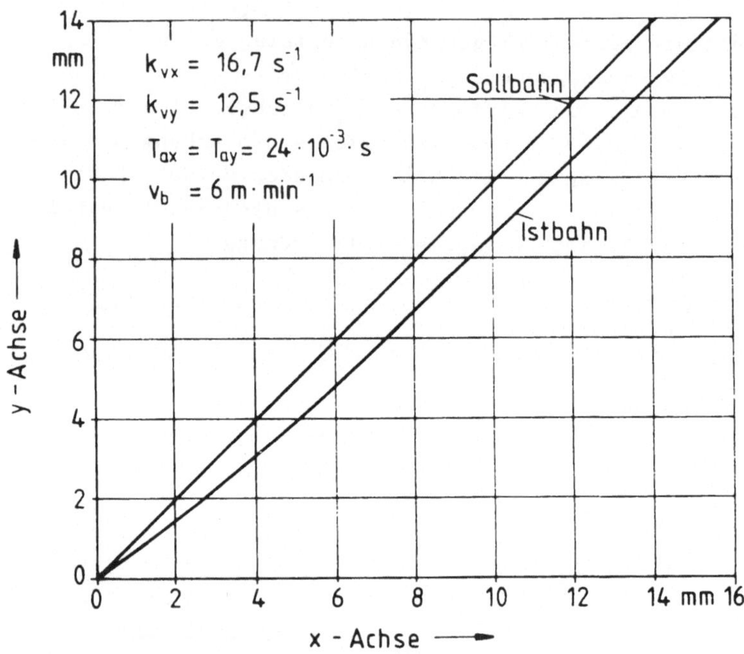

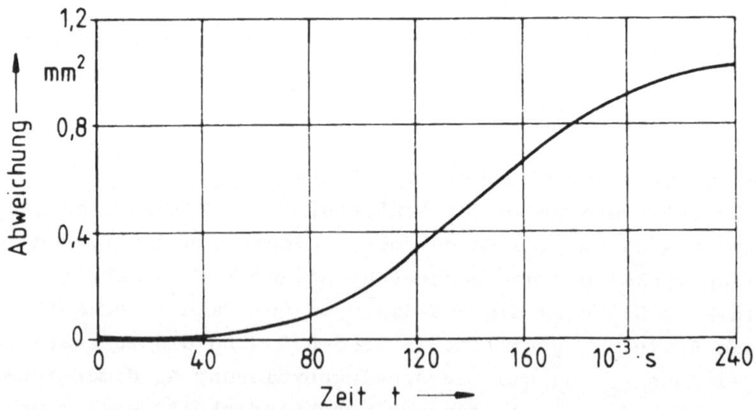

Bild 5.10: Einfluß einer unterschiedlichen Geschwindigkeitsverstärkung ($k_{vx} \neq k_{vy}$) der beteiligten Achsen auf die Bahnabweichung

Es ist daraus leicht zu entnehmen für welche Quotienten
k_v/ω_o die Abweichungen minimal sind.

Eine weitere Ursache für Bahnabweichungen stellt der
Fall <u>unterschiedlicher Geschwindigkeitsverstärkung</u>
$k_{vx} \neq k_{vy}$ der beteiligten Achsen dar. Dabei stellt
sich bei Geradenfahrt ein bleibender Versatz von Soll-
und Istbahn ein. Die entstehende Bahnabweichung ist proportional zur Bahngeschwindigkeit und hat ihren maximalen Wert bei einem Bahnrichtungswinkel von 45°.

Als Beispiel ist in Bild 5.10 der Bahnverlauf der Soll-
und Istbahn und die daraus entstehende quadratische
Bahnabweichung senkrecht zur Sollbahn für die ersten
240 ms beim Anfahren unter 45° dargestellt.

Bei einer geringen Dämpfung tritt die Maximalabweichung
bereits während des Einschwingvorganges auf, gleichzeitig ist sie aber von der Größe der Zeitkonstanten
des Antriebsystems abhängig.

Ein anderer Typ von Bahnabweichung stellt sich ein,
wenn in den an der Verfahrbewegung beteiligten Achsen
ein <u>ungleiches dynamisches Verhalten</u> ($T_{ax} \neq T_{ay}$) vorliegt. Dies führt beim Anfahren auf einer geradlinigen
Bahn, oder bei Richtungsänderung zu Schwingungen der
Istbahn. In Bild 5.11 ist dieser Vorgang wiedergegeben
- auch hier ergeben sich wiederum die größten Abweichungen bei Bahnrichtungswinkeln von 45°.

Bei den bisher diskutierten Bahnabweichungen wurde
stets ein lineares Übertragungsverhalten der Regelkreis-
glieder vorausgesetzt. Als Ursachen <u>nichtlinearer Ab-
weichungen</u> sind insbesondere

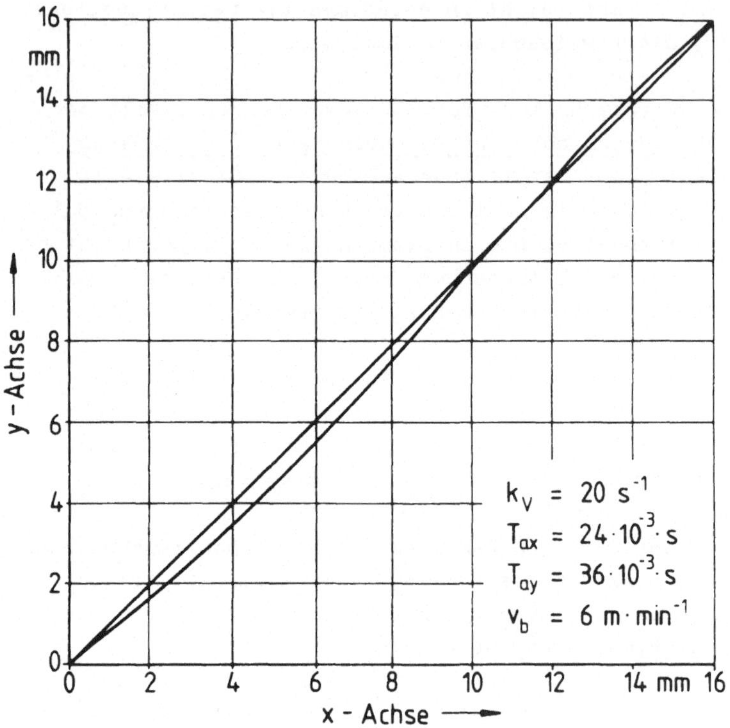

Bild 5.11: Einfluß eines ungleichen dynamischen Verhaltens (T_{ax} = T_{ay}) der beteiligten Achsen auf die Bahnabweichung.

- die aus dem Spiel resultierende Umkehrspanne,

- die konstante Reibung,

- die Elastizität der mechanischen Übertragungselemente, sowie

- die Beschleunigungsbegrenzung

zu nennen.

5.6 Methoden der Bahn- und Positionsüberwachung

Weichen die an der Verfahrbewegung beteiligten Regelkreise in ihrem dynamischen Verhalten voneinander ab,
werden Richtungsänderungen ohne Halt durchfahren oder
befinden sich die Lageregelkreise nicht im eingeschwungenen Zustand, so kommt es zu Abweichungen der
erzeugten Istbahn zur programmierten Sollbahn.

Gleiche Übertragungseigenschaften der an der Bewegung
beteiligten Lageregelkreise sind zwar Voraussetzung
zur Vermeidung bleibender Abweichungen, reichen aber
nicht aus die Bahnverzerrungen minimal zu halten. Die
ideale Istbahn, also die Bahn, die bei einer gegebenen
Antriebsdynamik durch die Wahl der Geschwindigkeitsverstärkung festgelegt ist, ist eine für den Vergleich
mit der real erzeugten Istbahn geeignete Vergleichsgrös-
se.

Eine Möglichkeit der Bahnüberwachung besteht darin,
durch den Vergleich des realen Verhaltens der Regelkreise mit dem idealen Verhalten eines Lageregelmodells
Informationen über die Größe der entstandenen Bahnabweichungen zu gewinnen. Zum Vergleich wird also nicht
die programmierte Bahn, sondern das durch das Lageregel-
modell berechnete Bahnverhalten herangezogen.

Ein derartiges Überwachungssystem ist als äußerst ele-
gant zu bezeichnen, erfordert aber aufgrund der hohen
Multiplikationszahlen pro Abtastintervall einen extrem
hohen Rechenaufwand. Reduzieren läßt sich der Aufwand
durch eine vorherige Berechnung des Modellverhaltens
und dessen Abspeicherung im Rechner.

Eine Alternative zur Überwachung der Lageregelkreise
bietet das weniger aufwendige Verfahren der Positions-

überwachung /62/. Hierbei muß aber im Gegensatz zur
Überwachung der Lageregelkreise eine Modifizierung
entsprechend der Art der Bahninterpolation vorgenommen werden.

Bei der Methode der Überwachung der Lageregelkreise
sind Aussagen über vorhandene Bahnabweichungen nur
durch eine genaue Kenntnis des Zusammenhangs von Bahn-
verzerrung und abweichendem Übertragungsverhalten möglich.

Für eine Positionsüberwachung ist die Kenntnis der
Eigenschaften des Lageregelkreises nicht notwendig, da
zur Bahnüberwachung nur die aktuelle Abweichung von
Ist- und Sollwert herangezogen wird. Es handelt sich
also um eine rein geometrische Überwachung.

5.6.1 Positionsüberwachung bei linearer Interpolation

Für eine Positionsüberwachung bei linearer Interpolation können verschiedene Verfahren herangezogen werden.
In Frage kommen dabei Verfahren, die den Abstand senkrecht zur Sollbahn, einen begrenzten Kontrollraum oder
die Bahnrichtungswinkel überwachen. Allen Verfahren ge-
meinsam ist die Möglichkeit der Vorgabe eines bahnpar-
allelen Toleranzbereichs.

5.6.1.1 Sollbezogene Abstandsüberwachung

Entsprechend der Darstellung in Bild 5.12 erhält man
für die Istposition normal zur Sollbahn in vektorieller
Form die Beziehung:

$$\vec{d} = \vec{b} - \vec{c}$$

Darin ist $\vec{d}$ der Abstandsvektor der Istposition zur Sollbahn, $\vec{b}$ der Verbindungsvektor von Ist- und Sollposition
und $\vec{c}$ der auf die Sollbahn projizierte Verbindungsvektor $\vec{b}$. Die lineare Sollbahn wird durch den Bahnrich-
tungsvektor $\vec{a}$ beschrieben.

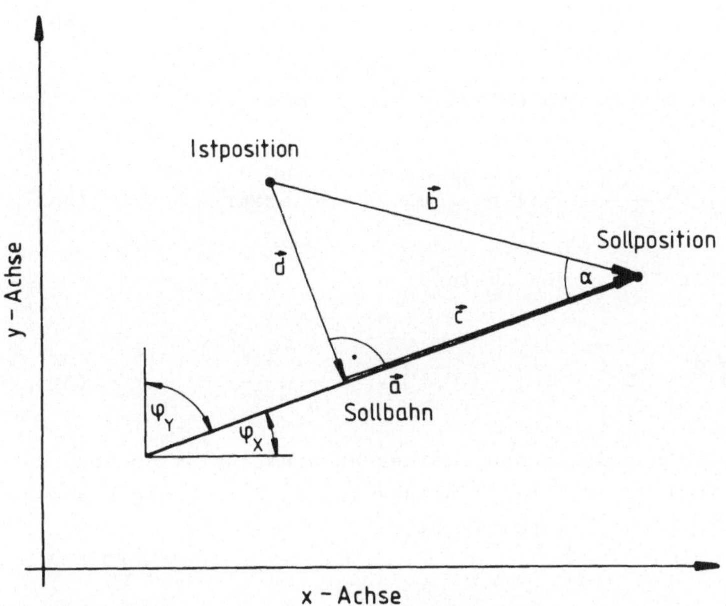

Bild 5.12: Überwachung des Abstands zur Sollbahn

Als Betrag von $\vec{c}$ ergibt sich:

$$|\vec{c}| = |\vec{b}| \cdot \cos \alpha \tag{46}$$

erweitert um $|\vec{a}| / |\vec{a}|$ erhält man aus (46):

$$|\vec{c}| = \frac{|\vec{a}| \cdot |\vec{b}|}{|\vec{a}|} \cdot \cos \alpha \tag{47}$$

Mit der Definition des Skalarproduktes

$$|\vec{a}| \cdot |\vec{b}| \cdot \cos \alpha = \vec{a} \cdot \vec{b} \tag{48}$$

ergibt sich für den Betrag von $\vec{c}$

$$|\vec{c}| = \frac{\vec{a} \cdot \vec{b}}{|\vec{a}|} \tag{49}$$

In Komponentenschreibweise erhält man:

$$|\vec{c}| = \frac{\sum\limits_{i}^{n} a_i b_i}{|\vec{a}|} \quad , \text{ mit } n = 1.2 \ . \ . \ \text{Achszahl} \tag{50}$$

Damit gilt für den Abstand:

$$|\vec{d}|^2 = |\vec{b}|^2 - |\vec{c}|^2 = |\vec{b}|^2 - \frac{(\sum\limits_{i}^{n} a_i \cdot b_i)^2}{|\vec{a}|^2} \tag{51}$$

Bezieht man den schon aus der Bahninterpolation bekannten Wert des Richtungscosinus in die Berechnung mit ein, so ergibt sich vereinfacht:

$$|\vec{d}|^2 = |\vec{b}|^2 - (\sum\limits_{i}^{n} b_i \cdot \cos \varphi_i)^2 \tag{52}$$

Der Berechnungsaufwand für dieses Verfahren beträgt achsabhängig je Überwachungsintervall $2 n + 1$ Multiplikationen.

Für den Fall dreier orthogonaler Achsen ergibt sich damit als Überwachungsbedingung:

$$(l_x^2 + l_y^2 + l_z^2) - (l_x \cdot \cos \varphi_x + l_y \cdot \cos \varphi_y + l_z \cdot \cos \varphi_z)^2 < A \tag{53}$$

mit l_i = Abweichung in i-Achse und A = Toleranzband

Diese Überwachungsbedingung registriert jedoch nur Abweichungen, die senkrecht zur Sollbahn vorliegen. Um bei achsparalleler Bearbeitung Geschwindigkeitsfehler erkennen zu können, ist daher zusätzlich der Betrag des Vektors $\vec{b}$ zu überwachen, also:

$$|\vec{b}|^2 < A' \qquad \text{mit} \quad A' \geq A \tag{54}$$

Die Richtung des Kontrollraumes A ist direkt mit der jeweiligen Bahnrichtung a gekoppelt. Wegen der zeitlichen Differenz und dem damit verbundenen Positionsunterschied von Ist- und Sollwert, muß die Kontrollraumrichtung entsprechend dem zeitlichen Versatz nachgeführt werden. Man erreicht dies, indem der maßgebliche Bezugspunkt um eine bestimmte Zahl von Nachlaufintervallen k_t zurückverlegt wird. Als sinnvoll erweist sich:

$$k_t = \frac{1}{k_v \cdot T_{ab}} \tag{55}$$

Beachtet man den Zeiteinfluß nicht, so entsteht an einer 90°-Ecke ein Konturfehler von der Größe des vorhandenen Nachlaufs.

Im Bild 5.13 ist die Arbeitsweise des Verfahrens und der Aufbau des ermittelten Toleranzbandes dargestellt. Der dargestellte Lageregelkreis besitzt ein ideales Übertragungsverhalten. Die an einer Ecke entstehende Verschleifung entspricht der realen Sollbahn. Um mit minimalen Toleranzwerten fahren zu können, muß das Toleranzband der realen Sollbahn angepaßt werden. Die Toleranzbandlage wird erzeugt, indem die Senkrechte auf dem Fußpunkt des Bahnrichtungsvektors $\vec{a}$ errichtet wird, der durch die aktuelle und die um k_t zurückliegende Sollposition dargestellt wird.

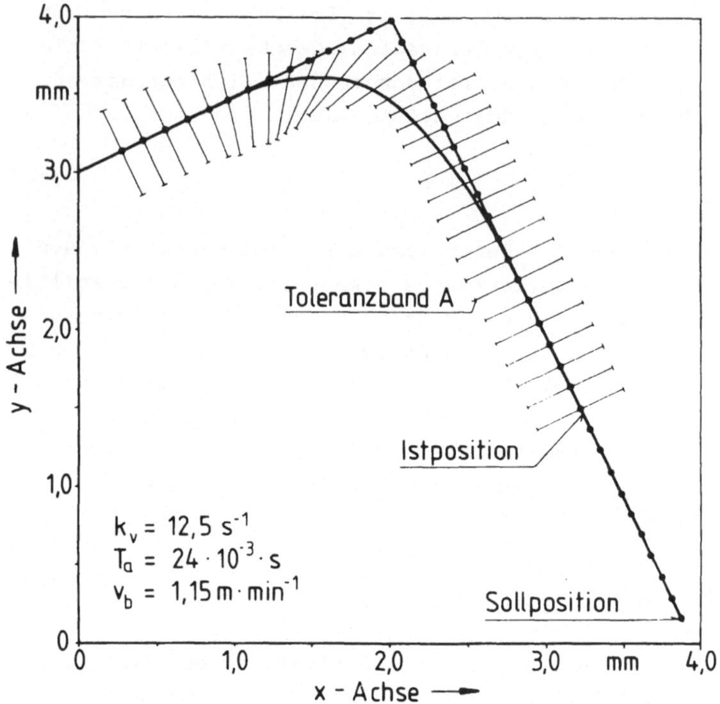

Bild 5.13: Arbeitsweise des Verfahrens zur Abstandsüberwachung

5.6.1.2 Überwachung mit begrenztem Kontrollraum

Bei einer Überwachung mit konstantem Toleranzbereich ist es nicht unbedingt erforderlich, die aktuelle Lage der Istposition bezüglich der Sollbahn zu bestimmen. Das Überwachungsverfahren muß lediglich gewährleisten, daß ein Überschreiten des zulässigen Toleranzbandes angezeigt wird.

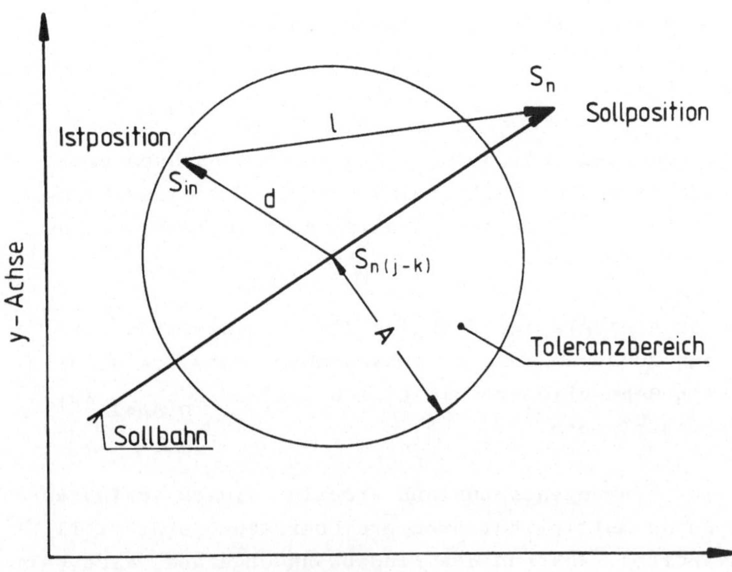

Bild 5.14: Positionsüberwachung mit begrenz-
tem Kontrollraum

Bezieht man die Abstandsberechnung auf eine im Abstand l
gegenüber der aktuellen Sollposition nachlaufende Istposition, so ergibt sich für den Abstand der aktuellen
Istposition zu der um k_t Intervalle verschobenen Sollposition entsprechend der Darstellung in Bild 5.14 der
folgende Zusammenhang:

$$d^2 = \sum_n (s_{inj} - s_{n(j-k)})^2 \qquad \text{mit } n = x,y \qquad (56)$$

wobei unter s_{inj} die aktuelle Istposition, unter
$s_{n(j-k)}$ die um k_t Intervalle zurückverlegte Bahnsoll-
position und unter n eine achszahlabhängige Laufvariab-
le verstanden wird.

Die Überwachungsbedingung lautet dann:

$$d^2 < A$$

wobei sich bei zwei beteiligten Maschinenachsen ein kreisförmiger Kontrollbereich ergibt. Mit diesem Verfahren können daher auch Abweichungen in Bahnrichtung erkannt werden.

Um eine gleichmäßige Funktion des vorgestellten Verfahrens zu gewährleisten müssen aber stets die jeweils letzten Bahnsollwerte bis einschließlich $s_{n(j-k)}$ abgespeichert sein.

Im eingeschwungenen Zustand arbeitet dieses Verfahren bei nur n Multiplikationen pro Überwachungsintervall einwandfrei. Während des Einschwingvorganges, also beim Anfahren, Abbremsen und beim Richtungswechsel, also Zuständen, bei denen die Zahl der Nachlaufintervalle ungleich k_t ist, kann dieses Verfahren nicht eingesetzt werden.

5.6.1.3 Überwachung der Bahnrichtungswinkel

Bei diesem Verfahren der Überwachung linear interpolierter Bahnabschnitte wird die Erscheinung ausgenutzt, daß die erzeugten Bahnrichtungswinkel φ_i im Falle einer Abweichung mit den berechneten Bahnrichtungswinkeln φ nicht übereinstimmen, also:

$$\cos \varphi_{in} = \frac{\vec{b}_n}{|\vec{b}_n|} \neq \cos \varphi_n \quad \text{mit } n = x,y \qquad (57)$$

Als Maß der Abweichung wird der von der Soll - und Istbahn eingeschlossene Winkel gewählt. Mit der Darstellung aus Bild 5.15 ergibt sich der Cosinus des Winkels α

dann zu:

$$\cos \alpha = \frac{\vec{a} \cdot \vec{b}}{|\vec{a}| \cdot |\vec{b}|} \tag{58}$$

Geht man zur Komponentenschreibweise über, so folgt:

$$\cos \alpha = \frac{\Sigma\, a_n \cdot b_n}{|\vec{a}| \cdot |\vec{b}|} = \Sigma \cos \varphi_n \cdot \cos \varphi_{in} \tag{59}$$

Die Überwachungsbedingung lautet, wenn die aktuelle
Sollposition als Bezugspunkt gewählt wird:

$$|1 - \cos \alpha| < A \tag{60}$$

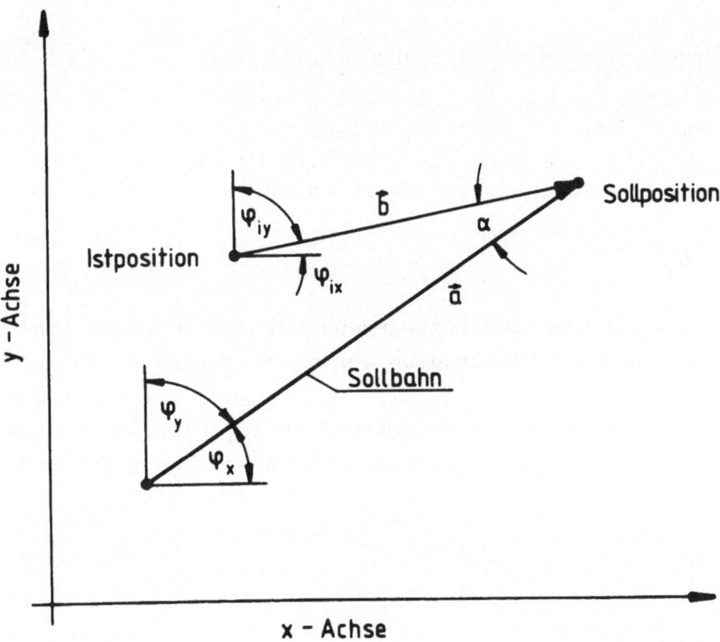

Bild 5.15: Überwachung der Bahnrichtungswinkel

Die Berechnung ist relativ zeitaufwendig, weil außer den 2 n Multiplikationen zusätzlich die Länge von $\vec{b}$ über eine Wurzel ermittelt werden muß.

Ungeeignet ist das Verfahren bei Richtungsänderungen. Mit einer kurzfristigen Unterbrechung des Überwachungsvorgangs läßt sich dieser Nachteil aber ausgleichen.

5.6.2 Positionsüberwachung bei Zirkular-interpolation

Beschränkt sich die Zirkularinterpolation auf zwei Maschinenachsen, so können Abweichungen von der Sollbahn durch einen Vergleich von tatsächlichem und programmiertem Bahnradius überwacht werden.

Für den Radius der Istbahn R_i gilt dann:

$$R_i^2 = (x_i - x_m)^2 + (y_i - y_m)^2$$

Als Kriterium für eine Überwachung gilt daher:

$$\left| R_i^2 - R^2 \right| < A$$

Die zulässigen Abweichungen normal zur Sollbahn sind vom jeweiligen Bahnradius abhängig. Obiges Kriterium berücksichtigt dies nicht - da man aber mit einem dem jeweiligen Kreisradius angepaßten Toleranzband D fertigt, ist der Wert der Überwachungsbedingung für jeden Radius R nach

$$D^2 + 2 \cdot R \cdot D < A \tag{61}$$

neu zu bestimmen.

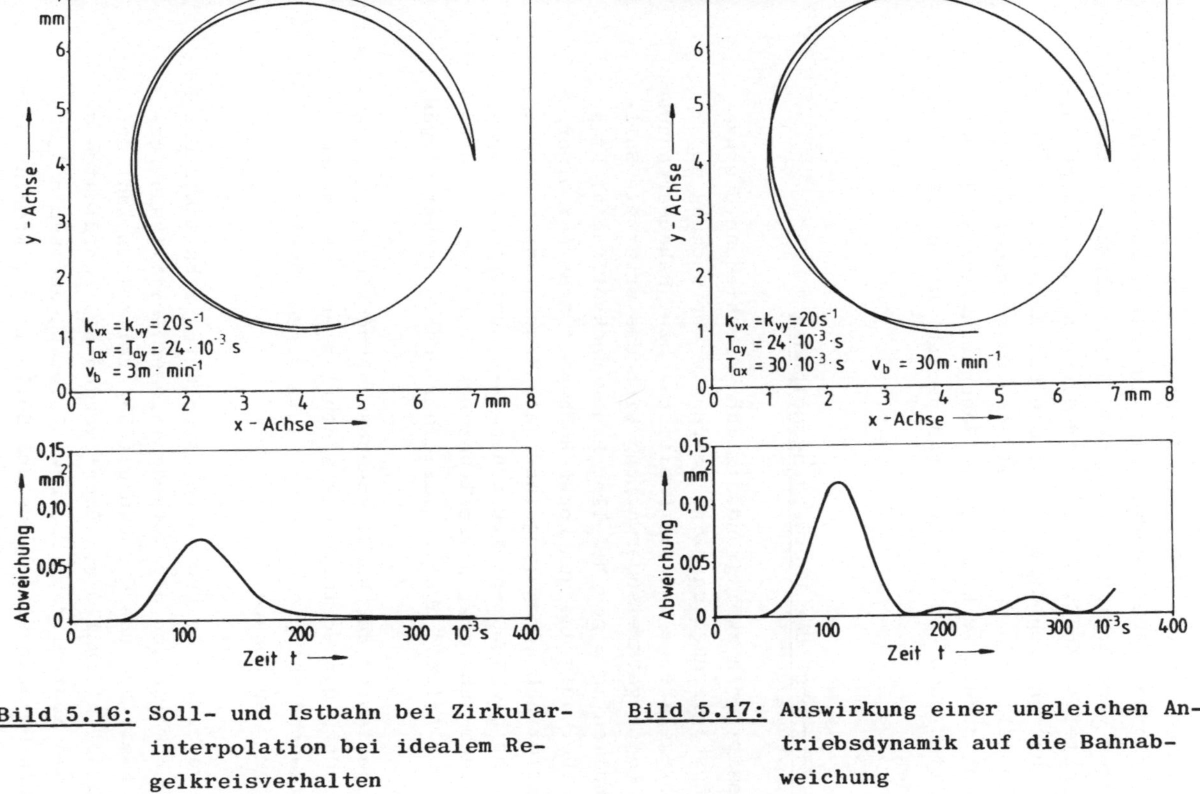

Bild 5.16: Soll- und Istbahn bei Zirkularinterpolation bei idealem Regelkreisverhalten

Bild 5.17: Auswirkung einer ungleichen Antriebsdynamik auf die Bahnab-
weichung

Das Verhalten von Soll- und Istbahn, sowie die dabei
entstehenden Abweichungen, sind in Bild 5.16 für ein
ideales Regelkreisverhalten bei Zirkularinterpolation
dargestellt. In Bild 5.17 sind dagegen Auswirkungen un-
gleicher Antriebsdynamik auf die Bahnabweichung entgegengestellt. Zu beachten ist, daß um zu einer guten An-
schaulichkeit zu kommen, die Bahngeschwindigkeit unge-
wöhnlich hoch und der Kreisradius sehr klein gewählt
wurden.

5.7 Vergleich der Überwachungsmethoden

Es existieren zwei grundsätzlich verschiedene Überwa-
chungsmöglichkeiten: Eine getrennte Überwachung der
Lageregelkreise und die Positions- bzw. Bahnüberwachung.
Zur Lageregelkreisüberwachung wird das erwartete Soll-
verhalten in einer Modellrechnung nachvollzogen. Diese
ist aber aufgrund des hohen Rechenaufwands bei einer
getasteten Lageregelung innerhalb eines Einprozessoren-
systems nicht zu verwirklichen. Als komfortables Modul
in einem Mehrprozessorensteuerungssystem ist ein der-
artiger Aufwand aber realisierbar und zu rechtfertigen.

Die Verfahren der Positionsüberwachung bieten im Gegensatz dazu den Vorteil, die Konturfehler am Werkstück
weitgehend auf die Größe der zulässigen Abweichung reduzieren zu können.

Ein verbessertes Überwachungsverfahren erhält man durch
eine Kombination der vorgeschlagenen Positionsüberwachung mit der aus Gleichung (55) ermittelten Zahl der
Nachlaufintervalle k_t. Dabei werden die Koordinaten der
für die Kontrollraumlage bzw. Toleranzbandlage maßgeb-
lichen Bezugsposition aus dem Sollwert des Nachlaufs und
der aktuellen Sollposition bestimmt. Die auf diese Art

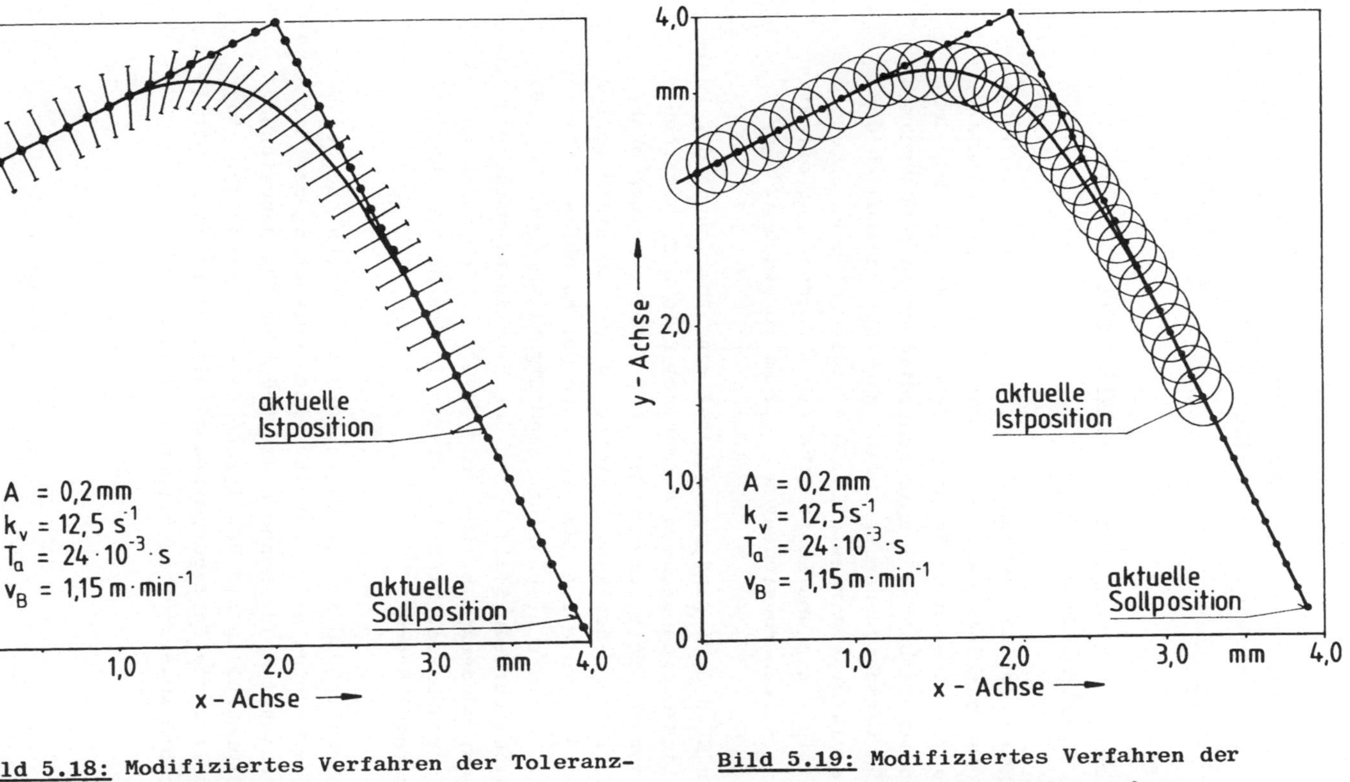

ild 5.18: Modifiziertes Verfahren der Toleranz-
bandüberwachung

Bild 5.19: Modifiziertes Verfahren der
Kontrollraumüberwachung

modifizierten Verfahren der Abstands- und Kontrollraumüberwachung sind in den Bildern 5.18 und 5.19 festgehalten.

5.8 Arbeitsweise des entwickelten Bahn-
   überwachungsverfahrens

Anhand der Darstellung in Bild 5.20 soll die Arbeitsweise des entwickelten Bahnüberwachungsverfahrens verdeutlicht werden. Es sind darin der Bahnverlauf der
realen Istbahn bei unterschiedlicher Antriebsdynamik
und verschiedenen Geschwindigkeitsverstärkungen der
Regelkreise dargestellt. Die reale Sollbahn bildet die
Mittellinie des Kontrollbereichs. Dieser ist mit einer
zulässigen Abweichung A = 0,2 mm vorgegeben.

In Bild 5.21 sind die quadratische Abweichung der Posi-
tionsabweichungen, die sich auf Bild 5.20 beziehen;
über der Zeit aufgetragen. Das Erkennen einer Über-
schreitung des Kontrollraumes mündet in einer Fehler-
meldung, die i.a. den Vorschub der Maschine stillsetzt.
Als weitere Ausbaustufe sind Algorithmen denkbar, die
nicht nur ein Stillsetzen des Maschinenvorschubs erzeugen, sondern z.B. über ein geregeltes Herabnehmen des
Vorschubs die Maschine wieder in den Kontrollbereich
zurückführen.

Abschließend ist zu sagen, daß die Ergebnisse der Bahnüberwachung nicht nur für eine Überwachung der Maschine
geeignet sind, sondern die Meßgröße "Bahnabweichung"
gleichzeitig als Regelgröße einer Regelung für eine
tolerierte Fertigungsgenauigkeit, also ein geometri-
sches AC-System zu verwenden ist.

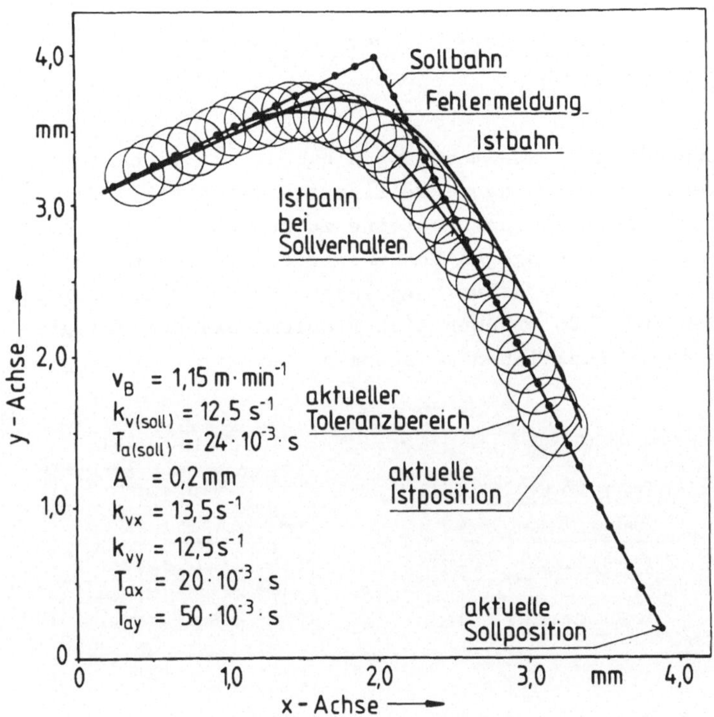

Bild 5.20: Realisiertes Bahnüberwachungsverfahren

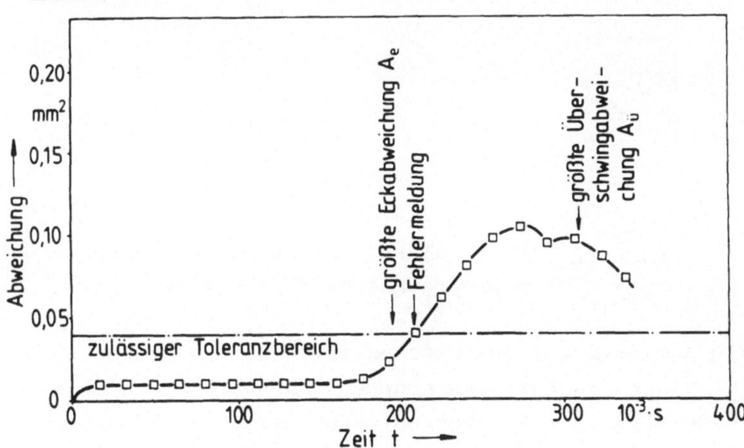

Bild 5.21: Arbeitsweise des Verfahrens im Fehlerfall

6. EINFLUSS DER FUNKTIONSBAUSTEINE AUF DIE CNC-STEUERUNG

Festverdrahtete NC-Steuerungen haben, wie in Bild 6.1 dargestellt, die angenehme Eigenschaft parallel die vorhandenen Funktionsbausteine zu bearbeiten. Bei einer CNC-Steuerung hingegen können die Funktionen nur sequentiell in dem dafür vorgesehenen Rechner bearbeitet werden /64/. So ergeben sich Probleme bei der Integration neuer Funktionen in schon vorhandene Steuerungen.

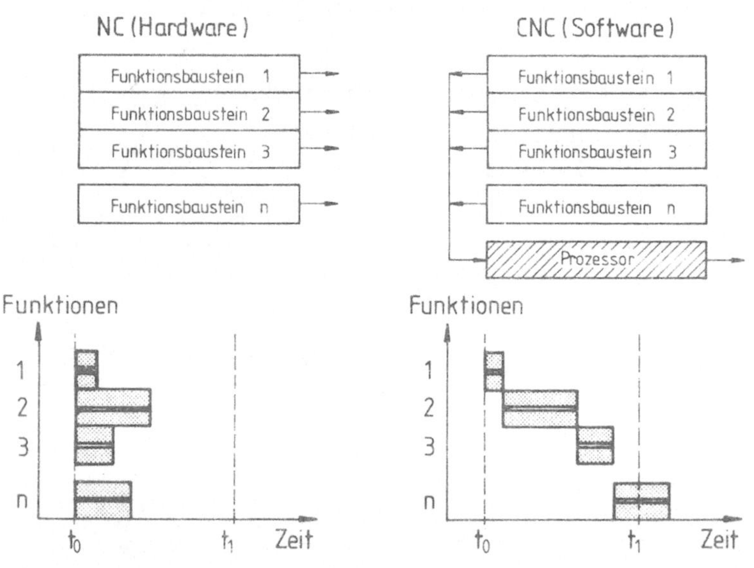

Bild 6.1: Zeitverhalten festverdrahteter und freiprogrammierbarer Steuerung

Wie aus Bild 6.1 zu erkennen ist, muß die Bearbeitung der einzelnen Funktionsgruppen innerhalb eines Zeitintervalls $t_1 - t_0$ abgeschlossen sein, da es sonst zu

Störungen im Bearbeitungsablauf kommt, also Fehler an
Geometrie und Oberfläche des Werkstücks entstehen.

Das Zeitverhalten einzelner Funktionsbausteine kann
durch den Begriff der Ruffolge, das ist die festgelegte oder erwartete Frequenz der Abarbeitung der Funktion, und der Rufdauer, das ist der Zeitbedarf zur
einmaligen rechnerseitigen Bearbeitung der Funktion,
charakterisiert werden.

In Bild 6.2 sind Ruffolge und Rufdauer neuerer entwickelter Bausteine aufgetragen. Bei einer genaueren
Betrachtung von Ruffolge und Rufdauer erkennt man, daß
die Ruffolge 7 Zehnerpotenzen, die Rufdauer 5 Zehnerpotenzen bei realisierten Funktionsbausteinen über-
streicht. Weiterhin ist der Darstellung zu entnehmen,
daß, je größer die Ruffolge ist, desto kleiner die
Rufdauer sein muß, da sonst Warteschlangen in der
Steuerung entstehen.

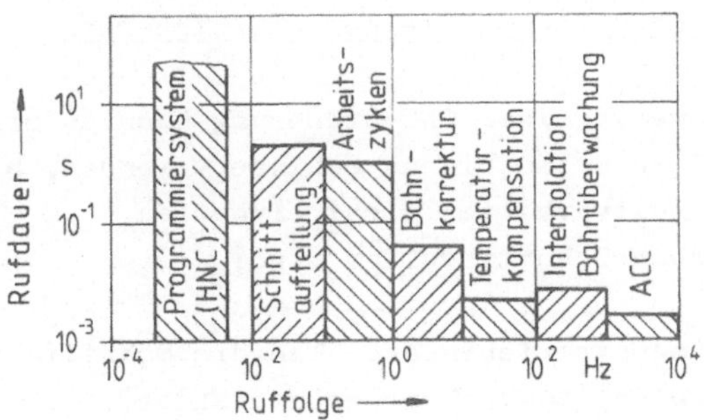

Bild 6.2: Zeitverhalten unterschiedlicher Funktionsbausteine

6.1 Grenzwerte der CNC-Steuerung

Das Anforderungsprofil an die Leistungsfähigkeit einer
CNC-Steuerung wird von dem zu steuernden Bearbeitungsprozeß vorgegeben. Dort, wo hohe Bearbeitungsgeschwin-
digkeiten und konstanter Vorschub gefordert werden,
steht das Zeitverhalten der Steuerung im Vordergrund
/66/ der Anforderungen.

Soll ein Steuerungssystem jederzeit Zugriff auf eine
bestimmte Auswahl von NC-Teileprogrammen besitzen, so
wird das Anforderungsprofil durch einen vergrößerten
Speicher- und Adressbereich gekennzeichnet /67/.

Findet zwischen den beteiligten Funktionsgruppen ein
ausgeprägter Informationsaustausch statt, so können
die Systemgrenzen durch die vorhandene Informationsdichte und die Übergabefrequenz an den Schnittstellen
beschrieben werden /68/.

6.1.1 Zeitliche Grenzwerte der CNC-Steuerung

Die Arbeitsweise einer CNC-Steuerung kann an drei
Schnittstellen entscheidend behindert werden, bzw. das
geforderte Zeitverhalten nicht einhalten.
Die kritischen Schnittstellen sind:

1. Der Lochstreifenleser, also die Schnittstelle der NC-Teileprogrammeingabe,

2. die Ausführungszeit zur Berechnung der
   Geometriewerte im Satzvorbereitungsprogramm, und

3. die Rufdauer des Interpolationsbausteins
   bei einer Überlagerung mit anderen hoch-

frequenten Aufgaben.

Der Lochstreifen ist auch heute noch das verbreitetste Eingabemedium. Die Verwendung fotoelektrischer Lochstreifenleser hat aber eine Beschränkung der Einlesegeschwindigkeit zur Folge. Übliche Einlesegeschwindigkeiten liegen bei etwa 250 - 500 Z/s. Ergeben sich nun hohe Satzanforderungen pro Zeiteinheit und gleichzeitig eine große Informationsdichte pro NC-Satz, so kann leicht die Leistungsgrenze des Lochstreifenlesers erreicht werden. Der daraus resultierende Informationsmangel hat zur Folge, daß der folgende NC-Satz in der Satzvorbereitungslogik für die Interpolation nicht bereitgestellt werden kann. Damit ergeben sich Wartezeiten für Steuerung und Maschine, die sich in einem Stillsetzen des Vorschubs äußern, der Forderung nach einer konstanten Vorschubgeschwindigkeit also nicht mehr nachgekommen werden kann.

Dieser Nachteil läßt sich durch gezielte Maßnahmen verhindern. Die einen bestehen darin, Eingabegeräte zu benutzen, also Casetten und Disketten, die einen erheblich höheren Datentransfer zulassen. Eine andere Möglichkeit besteht darin, das Teileprogramm vor der jeweiligen Bearbeitung, frei von Zeiteinflüssen, einzulesen.

Die Ausführungszeit für die Satzvorbereitung geht stark in die systembestimmende Blockzykluszeit der Steuerung ein. Die Satzvorbereitung möglichst komfortabel zu gestalten und gleichzeitig eine möglichst kurze Blockzykluszeit zu erhalten, sind gegenläufige Anforderungen. Bei Einprozessorsystemen muß ein Kompromiß zwischen möglicher Blockzykluszeit und Steuerungsausbau geschlossen werden.

Als Kriterium für eine funktionsgerechte Blockzykluszeit T_{BZ}, die systembestimmend ist, muß gelten:

$$T_{BZ} \leq t = \frac{|\vec{c}|}{v_{Bmax}} \, , \qquad (62)$$

wobei unter $\vec{c}$ der Cutvektor, und unter v_{Bmax} die maxi-
mal verfahrbare Vorschubgeschwindigkeit zu verstehen
sind. Bei einer heute üblichen Blockzykluszeit von
T_{BZ} = 100 ms ergeben sich maximale Bahngeschwindigkei-
ten von v_B = 6 m/min bei einer Cutvektorenlänge von
10 mm.

Anzumerken ist, daß die Blockzykluszeit erheblich ver-
mindert werden kann, wenn die Satzvorbereitung in einem
ersten Programmdurchlauf ohne Bearbeitung ausgeführt
wird, die Sätze also schon formatrichtig für die Bearbeitung durch die Interpolatoren im Speicher vorliegen. Diese Methode zur Verbesserung des Zeitverhaltens
wird zwar von einigen Steuerungsherstellern benutzt -
sie wirkt sich jedoch nebenzeitverlängernd aus, der
Speicherumfang wächst beträchtlich an und die ausgeprägte Echtzeitcharakteristik der CNC-Steuerung geht
verloren.

Wie die Satzvorbereitung, so wirkt sich auch die Soft-
wareinterpolation auf das Zeitverhalten der Steuerung
aus. Üblicherweise wird mit Interpolationsfrequenzen
von 125 bzw. 250 Hz gearbeitet, d.h. alle 8 bzw. 4 ms
müssen die neuen Sollwerte berechnet und ausgegeben
werden. Bei einer Standardsteuerung ist der anfallen-
de Rechenzeitaufwand problemlos. Sind hochfrequent
wirkende Bausteine appliziert, wie sensorgesteuerte
ACC-Einrichtungen oder mit Interpolationsfrequenz ar-
beitende Überwachungssysteme, so kann der Interpola-
tionsrhythmus empfindlich gestört werden und vor allem

die Blockzykluszeit mit den beschriebenen Auswirkungen
erheblich vergrößert werden.

6.1.2 Einfluß des Adressbereichs und der Speichergröße

Der Umfang der in Steuerungen integrierbaren Funktionsbausteine ist von deren Zahl, aber auch von der Spei-
chergröße der Steuerung abhängig. Begrenzt wird der interne Speicherbereich durch den Adressbereich des eingesetzten Prozessors. Die i.a. verwendeten Prozessoren
sind mit einem Speicher von 64 K-Worten, entsprechend
der möglichen 16-bit breiten Adresse, ausgerüstet. Bei
Standardanwendungen ist also genügend Raum für das Betriebsprogramm der CNC und einer Zahl von NC-Teileprogrammen. Engpässe können nur durch sehr große Bearbei-
tungsprogramme entstehen, wenn diese vollständig einge-
lesen sein sollen. Der Speicherbereich läßt sich in
diesen Sonderfällen durch externe Speicher wie Bulk-
Memories, Disketten und andere externe Speicher erweitern.

6.1.3 Grenzen des Informationsflusses in der Steuerung

Der Informationsfluß in der Werkzeugmaschinensteuerung
wird durch den Informationsbedarf der Funktionsbausteine bestimmt /65, 68/.

Betrachtet man den Vorgang des Einlesens der NC-Steuer-
information bis hin zur Ausgabe der Stellgrößen, so
stellt man fest, daß die Informationen auf diesem Wege
vervielfacht werden. Die Datenrate an der Eingabe-
schnittstelle beträgt 250 bis 500 Z/s bei einer Zei-
chenbreite von 8 bit parallel. Im Dekodier- und Spei-

cherbaustein bleibt die Zeichendichte konstant, während
sich in der Satzvorbereitung nach Einrechnung der Wegbedingungen eine Vervielfachung der Informationen ergibt. An der Schnittstelle zwischen Satzvorbereitung
und Interpolation ergibt sich eine Datenrate von 20 kHz
bei einer Satzfolge von 10 Sätzen pro Sekunde.

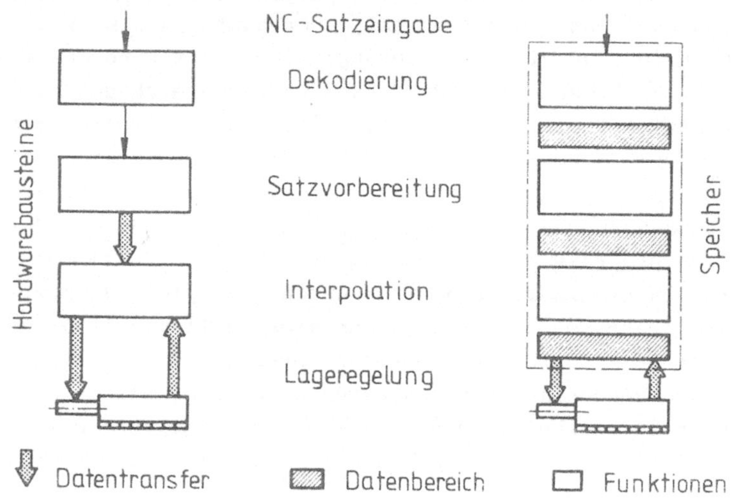

Bild 6.3: Schnittstellen des Informationsflusses
in Hardware- und Softwaresteuerungen

Eine weitere Informationsvervielfachung und folglich
eine Erhöhung der Datenrate ergibt sich im Interpola-
tionsbaustein. Eine zusätzliche Abhängigkeit ist hier
durch die Zahl der zu steuernden Achsen und die Frequenz der Abtastung gegeben. Ist darüber hinaus der
Lageregelkreis teilweise als Programmbaustein realisiert, so ergibt sich ein gegenläufiger, achszahlab-
hängiger Informationsstrom, der die Lageistwerte beinhaltet.

Befinden sich die Funktionsbausteine im Arbeitsspeicher
eines Einprozessorsystems, so entstehen keine Laufzeit-
probleme, da außer der Ein- und Ausgabe der Steuerinformationen kein Datentransfer zwischen den eingebauten Funktionsbausteinen erfolgt. Der Informationsfluß
ist in diesem Fall durch entsprechende Datenfelder gekennzeichnet, d.h. der Informationsfluß wird durch Datenfelder substituiert, auf die die beteiligten Funktionsbausteine zugreifen können.

6.2 Auswirkung des Steuerungsaufbaus auf deren Leistungsfähigkeit

Das an die Steuerung gestellte Anforderungsprofil bestimmt deren Aufwand und damit deren Leistungsfähigkeit. Die Leistungsfähigkeit wird von Zahl und Art der
verwendeten Prozessoren, aber auch von der Struktur des
Betriebsprogrammes beeinflußt. Daher sollen im folgenden Abschnitt die Einflüsse unterschiedlicher Hardware-
und Softwarestrukturen auf das Steuerungsverhalten untersucht werden.

6.2.1 Auswirkungen unterschiedlicher Software-strukturen

Die Anordnung der Softwarebausteine im Betriebsprogramm beeinflußt das Zeitverhalten der Steuerung erheblich. In Bild 6.4 sind die am häufigsten eingesetzten Strukturen aufgezeigt. Dabei handelt es sich um
ereignisgesteuerte Programmstrukturen, die entweder
durch eine unterschiedliche Priorität oder nach FIFO
(First In First Out) organisiert sind. Eine andere
Idealstruktur wird durch das Schleifenkonzept dargestellt.

a. Abfertigungsstruktur nach FIFO

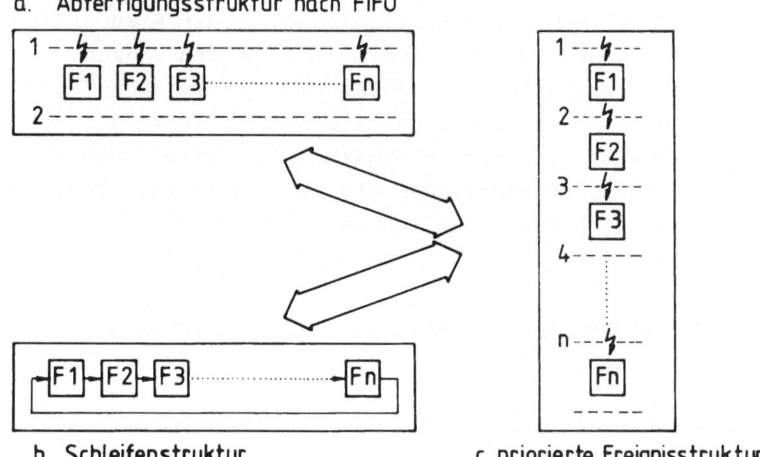

b. Schleifenstruktur

c. priorierte Ereignisstruktur

Bild 6.4: Ideale Softwarestrukturen

Diese idealen Systeme lassen sich in reiner Form selten verwirklichen. Die Softwarestrukturen realer, am Markt befindlicher Steuerungen, sind Mischungen der Idealstrukturen. Es sind aber nur Mischsysteme sinnvoll, die aus einer prioritätsgesteuerten Ereignisstruktur bestehen, dem eine Ereignisstruktur nach FIFO unterlagert ist oder eine Überlagerung der prioritätsgesteuerten Ereignisstruktur mit einer unterlagerten Schleifenstruktur. Eine Mischung der Systeme - Ereignissteuerung nach FIFO und Schleifenstruktur ist nicht sinnvoll.

Die zeitliche Leistungsgrenze, auch als 'worst case' bezeichnet, kann berechnet werden. Zu beziehen ist sie stets auf die Blockzykluszeit T_{BZ} der Steuerung.

Es gilt dann:

$$T_{BZ} = \Delta t_1 + \frac{1}{\nu_1} \left(\nu_2 \cdot \Delta t_2 + \nu_3 \cdot \Delta t_3 + \ldots + \nu_n \cdot \Delta t_n \right)$$

$$= \Delta t_1 + \frac{1}{\nu_1} \sum_{i=2}^{n} \left(\nu_i \cdot \Delta t_i \right), \tag{63}$$

wobei unter Δt_1 die Rechenzeit für die Satzvorbereitung und unter Δt_i die Rechenzeit der höherprioren Funktionsbausteine zu verstehen sind. Entsprechendes gilt für die Ruffrequenzen ν_1 und ν_i der Programmbausteine.

Soll untersucht werden, ob die verfügbare Prozessorenzeit ausreicht, um den Anforderungen aller in die Steuerung integrierter Bausteine gerecht zu werden, so muß das Auslastungskriterium erfüllt sein.

$$\sum_{i=1}^{n} \nu_i \cdot \Delta t_i \leq c_p \tag{64}$$

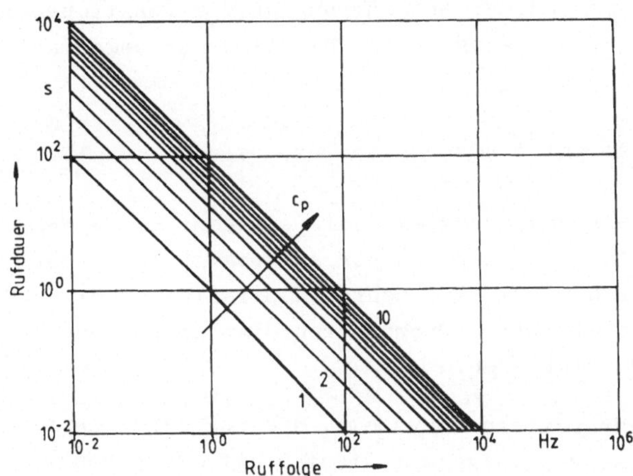

Bild 6.5: Belastungsgrenze in Abhängigkeit von der Zahl der Prozessoren

Diese Aussage bedeutet, daß zur Gewährleistung einer sicheren und funktionsgerechten Arbeitsweise der Steuerung, die Summe der Produkte aus Ruffolge v_i und Rufdauer Δt_i der einzelnen Funktionsbausteine kleiner als ein steuerungsspezifischer Wert c_p sein muß. Der Wert von c_p ist abhängig von der Zahl der Prozessoren, die im Steuerungsrechner gerade aktiv sind. Für ein Einprozessorensystem ist $c_p = 1$. Sind die Funktionen optimal unter den beteiligten Prozessoren verteilt, so entspricht der Wert von c_p direkt der Zahl der verwendeten Prozessoren. Die Grenzbelastung c_p beim Einsatz mehrerer Prozessoren kann aus Bild 6.5 entnommen werden.

6.2.2 Auswirkungen unterschiedlicher Hardwarestrukturen

Die industriell realisierten Steuerungskonzepte unterscheiden sich beträchtlich. Je nach Art der Systemkonfiguration und der Anforderung an die Funktionsweise der Steuerung, sind unterschiedliche Lösungen auf dem Markt.

Die dabei entstandenen Varianten sind:

- Einprozessorsysteme, die entweder aus einem Hochleistungsprozessor aufgebaut sind, oder solchen, die aus mehreren parallel arbeitenden Bit-Slice-Prozessoren eine Einprozessor-CPU emulieren.

- Mehrprozessorensysteme, die aus mehreren Prozessoren aufgebaut, festgelegte Aufgaben erfüllen oder eine wahlfreie Abarbeitung erlauben.

Im allgemeinen Einsatzfall ist das Einprozessorensystem von der Programmierung her gesehen immer die einfachste Lösung. Die Übersichtlichkeit von Programmstruktur und -vermaschung bleibt gewahrt. Der Einbau neuer Funktionsbausteine wird dadurch erheblich erleichtert.

Die Begründungen für den Einsatz von Mehrprozessorensystemen lassen sich auf zwei Hauptargumente reduzieren:

1. Die Leistungsfähigkeit eines Prozessors reicht für die durchzuführenden Steuerungsaufgaben nicht aus.

2. Durch die Einteilung der Steuerung in Funktionseinheiten, die entsprechend ihrer Aufgabenstellungen mit Prozessoren ausgerüstet sein können, besteht die Möglichkeit einer optimalen Anpassung der Steuerung an die Werkzeugmaschine (Nachrüstung).

Die Leistungsfähigkeit eines Prozessors wird weitgehend von seiner Zykluszeit bestimmt. Die Ursache für die Verwendung mehrerer Prozessoren ist dann darin begründet, daß die Kosten schneller Recheneinheiten überproportional bewertet werden - eine Lösung mit mehreren Prozessoren also kostengünstiger erscheint /69/. Eine derartige Lösung muß aber nicht notwendigerweise billiger sein, da der Aufwand zur Programmstellung erheblich höher wird. Der Kostenanteil der Software einer CNC-Steuerung, der im Mittel bei 37% liegt /4/, kann also gerade dort über wirtschaftlichen Erfolg oder Mißerfolg einer Neuentwicklung entscheiden.

Von einem gänzlich anderen Standpunkt wird bei der Ent-

wicklung des Mehrprozessorensteuersystems, kurz MPST
/66/ genannt, ausgegangen. Hier stehen nicht die Forderungen nach Zahl und Leistungsfähigkeit der Prozessoren im Vordergrund, sondern nach einer zweckmäßigen
Aufteilung der Funktionseinheiten einer Steuerung auf
ein Baukastensystem, das vom Werkzeugmaschinenhersteller mit Hilfe eines Bus-Systems optimal den Anforderungen seiner Maschine angepaßt werden kann.
Ein MPST-System hat den Vorteil, daß ggfs. für jeden
Baustein ein Prozessor vorhanden ist. Ein übergeord-
neter Prozessor verteilt die Aufgaben und kontrolliert
den Datenverkehr. Jede Einzelaufgabe ist somit optimal
lösbar. Nachteilig wirkt sich dagegen aus, daß keiner
der gerade unbeschäftigten Prozessoren entlastend eingreifen kann, wenn sich bei der Bearbeitung einer bestimmten Teilaufgabe eine Warteschlange aufzubauen be-
ginnt.

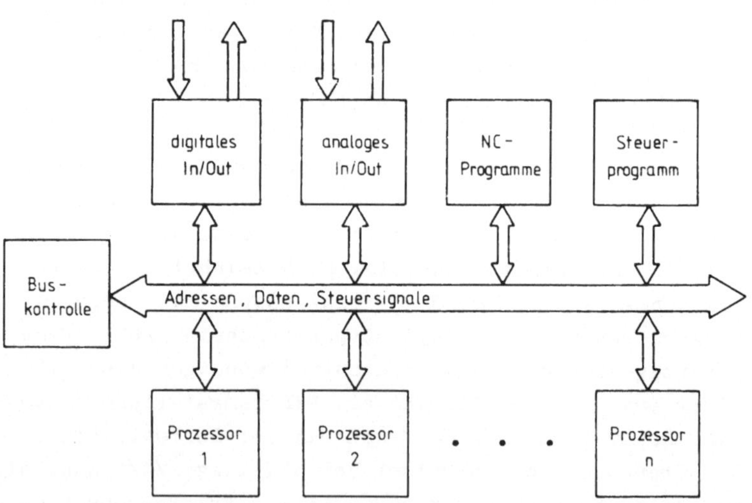

Bild 6.6: Steuersystem mit wahlfreier Funktionszuordnung

Ein sinnvolles Gegenstück zur MPST-Lösung bildet ein
Mehrprozessorensystem mit einer wahlfreien Zuordnung
der Bearbeitungsaufgaben, den Funktionsbausteinen. Dabei werden die zeitlich versetzt ankommenden Bearbei-
tungsaufträge dem gerade unbesetzten Prozessor zugewiesen /70/. Dieses System ist in Bild 6.6 dargestellt.

Aber auch bei einem Mehrprozessorensystem mit wahlfreier Bearbeitung der Steuerungsaufgaben bildet, wie bei
den anderen Mehrprozessorensystemen, die Kommunikation
zwischen den beteiligten Prozessoren die kritische
Schnittstelle. Durch alternative Bussysteme /71/ kann
diese kritische Kommunikationsschnittstelle beseitigt
werden.

7. ZUSAMMENFASSUNG

Die Kostenentwicklung auf dem Halbleitermarkt begünstigt einen wirtschaftlichen Einsatz von Rechnern im Fertigungsbereich. Die in den Rechnern vorhandene logische und arithmetische Intelligenz erlauben eine Optimierung des Systems Werkzeugmaschinensteuerung.

Die Rechnerintegration erschließt der NC-Steuerung vor allem in den maschinennahen Bereichen der Fertigung neue Aufgabenfelder, wie z.B. die Programmierung an der Maschine, die die Arbeitsvorbereitung entlastet, die Übernahme von Aufgaben der Qualitätskontrolle, wodurch eine frühzeitige Rückführung der Meßgrößen und damit weniger Ausschuß erzeugt wird und durch das Einwirken und die Kontrolle des Fertigungsprozesses selbst, wodurch der Maschinenbediener von anstrengenden und monotonen Überwachungsaufgaben freigehalten werden kann.

In Zusammenarbeit mit einem Steuerungshersteller wurden Funktionsbausteine mit dem Ziel entwickelt, die Steuerung bedienfreundlicher zu gestalten, den Fertigungsprozeß in der Maschine zu verbessern und gleichzeitig Steuerung und Werkzeugmaschine selbsttätig zu überwachen. Aus einer Reihe entwickelter Bausteine wurden drei vorgestellt, die einen unterschiedlichen Einfluß auf das Zeitverhalten der Steuerung ausüben.

Eine Werkzeugradiuskorrektur, die universell angewandt werden kann, und zwar als Fräserradiuskorrektur und zur Schneidenradiuskompensation beim Drehen, die bei Kontur- aber auch bei Bahnprogrammierung fehlerfrei arbeitet und außerdem eine begrenzte Kollisionskontrolle durchführen kann, wurde vorgestellt.

Als weiterer Funktionsbaustein wurde eine Meßeinrichtung und ein Verfahren zur Kompensation thermisch bedingter Verformungen vorgestellt. Vorteil des entwickelten Verfahrens ist eine stets gleichbleibende Kompensationsgüte auch bei unterschiedlichem Betriebsverhalten
und ein geringer Kopplungsaufwand.

Als dritter Baustein wurde ein System zur Überwachung
der von der Werkzeugmaschine erzeugten Bahn vorgestellt. Verschiedene Verfahren der Positionsüberwachung
wurden abgewogen und die Arbeitsweise des eingesetzten
Verfahrens beschrieben.

Abschließend wurden die stark unterschiedlichen Zeit-
einflüsse von Funktionsbausteinen auf das Steuerungsverhalten diskutiert. Dabei wurde der Grenzbereich realer Werkzeugmaschinensteuerungen aufgezeigt.

8. SCHRIFTTUM

/1/ Stute, G.
Aufgaben für die Entwicklung
Numerischer Steuerungen
wt - Z.ind.Fertig. 68 (1978)
Nr. 6, S. 319 - 320

/2/ Spur, G.
Produktionstechnik im Wandel
Vortragssammlung
Produktionstechnisches Kollo-
quium
PTK 79, Berlin 1979

/3/ Weck, M.
Fortschritte in der Steuerungs-
technik für spanende Werkzeug-
maschinen
ZwF 74 (1979), H. 11,
S. 544 - 551

/4/ Weinerth, H.
Mikroelektronik der Zukunft -
eine Herausforderung an passi-
ve und elektromechanische Bauelemente
messen + prüfen / automatik
November 1979

/5/ Baukloh, K.-F.
Leveringhaus,
R.-D.
3. EMO, Mailand: Steuerungstech-
nik
VDI-Z 121 (1979), Nr. 23/24,
S. 1203 - 1209

/6/ Meier, H.
Potthast, A.
Schiffelmann, H.
Entwicklungsstand moderner CNC-
Steuerungen - Bericht von der
3. EMO in Mailand
ZwF 74 (1979), H. 12,
S. 593 - 596

/7/ Stute, G.   Der Einfluß neuer Steuerungsent-
                        wicklungen auf die Fertigungs-
                        technik
                        Vortrag zum FTK am 4./5.10.1979
                        in Stuttgart

/8/ VDI   3422
                        Numerisch gesteuerte Arbeitsma-
                        schinen
                        Nahtstelle zwischen der numeri-
                        schen Steuerung (NC) und der An-
                        paßsteuerung
                        Beuth-Vertrieb GmbH, Berlin,
                        Köln, März 1972

/9/ DIN   19226
                        Regelungstechnik und Steuerungs-
                        technik
                        Begriffe und Benennungen
                        Beuth-Vertrieb GmbH, Berlin,
                        Köln, Mai 1968

/10/ Spur, G.   Rechnergeführte Fertigung
     Stute, G.   Carl Hanser Verlag, München,
     Weck, M.   Wien, 1977

/11/ Weck, M.   Werkzeugmaschinen, Band 3
                        Automatisierung und Steuerungs-
                        technik
                        VDI-Verlag GmbH, Düsseldorf, 1978

/12/ Barash, M.M.   Speculations on the Future of
                        Numerical Controls
                        ASME Paper, New York
                        No. 78-WA/DSC-9 for meet.
                        10.-15.12.78

/13/ Klauke, A.   Möglichkeiten der Arbeitstei-
                        lung beim Einsatz von NC-Ma-
                        schinen
                        VDI-Z 121 (1979), Nr. 12,
                        S. 617 - 620

/14/ Hemminger, W.   CNC und Handeingabe
                        wt - Z.ind.Fertig. 69 (1979),
                        H. 8, S. 481 - 488

/15/ Hammer, H.   Technische, betriebliche und
                        wirtschaftliche Aspekte der
                        Werkstattprogrammierung
                        VDI-Z 12 (1979), H. 20,
                        S. 999 - 1008

/16/ Cuntz, H.   Entwurf einer Handeingabesteue-
     Staiger, G.   rung (HNC)
                        Unveröffentlichter Entwicklungs-
                        vorschlag des wbk für Fa. Robert
                        Bosch GmbH / Erbach, 1980

/17/ Staiger, G.   Kopplung eines ACC-Systems zur
                        Fräsbearbeitung (MACOTECH) mit
                        einer Werkzeugmaschinensteuerung
                        Unveröffentlichter Entwicklungs-
                        bericht des wbk für Fa. Robert
                        Bosch GmbH / Erbach, 1980

/18/ Staiger, G.   Integration eines Meßtasters
                        (Cejmatic) in die System 5
                        Unveröffentlichter Projektbe-
                        richt des wbk für Fa. Robert
                        Bosch GmbH / Erbach, 1979

/19/ Hewitt, M.C.P.   Some Thoughts on Numerical Con-
                      trol
                      Engineer's Digest, London
                      Vol. 37 (1976), Nr. 12, S. 9 - 10

/20/ Cuntz, H.   Cutcom'85 - Beschreibung des
     Lenz, H.   Satzaufbereitungsprogramms und
                      der neuen Werkzeugradiuskorrek-
                      tur für die System 5
                      Unveröffentlichter Arbeitsbe-
                      richt Bosch-IA / Erbach, 1979

/21/ Schäfer, K.   Funktionserweiterungen für Nu-
                      merische Werkzeugmaschinensteue-
                      rungen durch Mikroprozessorein-
                      satz - Ein Beitrag zur Automa-
                      tisierung der Drehbearbeitung
                      Dissertation TH Aachen, 1977

/22/ Cuntz, H.   Eine universelle Fräserradius-
                      korrektur
                      HGF-Forschungsbericht 79/47
                      Industrie-Anzeiger, 101 Jg. (1979)
                      H. 77, S. 99 - 100

/23/ Baisch, R.   Elektronische Steuerungstechnik
     Lochmann, G.   bei automatisierten Fertigungs-
                      einrichtungen
                      ZwF 72 (1977), H. 9, S. 435 - 439

/24/ Macurek, I.   NC Programming in C.K.D. Praha
     Vencovsky, J.   Aufsatz aus:
                      Computer Languages for Numerical
                      Control I. Hatvang, Hrsg.
                      North Holland Publishing Company
                      Amsterdam - London

/25/ Paul, H.U.
      Hilpert, G.

Path generation techniques for
Cutter-compensation and Contour-
programming
Unveröffentlichtes Bosch-Memoran-
dum, 1978

/26/ Chyan-G-Chung

Two dimensional mathematical
model of NC machine cutting
Journal of National Chiao Tung
University Hsinchu
4, 1978, S. 1 - 8

/27/ Testi, F.

Weiterentwicklungen der CNC-
Steuerungen
Werkstatt und Betrieb 110 (1977)
H. 8, S. 501 - 506

/28/ DIN

66025
Programmaufbau für numerisch ge-
steuerte Arbeitsmaschinen
Blatt 1 - 4
Beuth-Vertrieb GmbH, Berlin,
Köln, Februar 1972

/29/ Zangs, L.

Berechnung des thermischen Verhaltens von Werkzeugmaschinen
Dissertation TH Aachen, 1975

/30/ Weck, M.

Werkzeugmaschinen, Band 2,
Konstruktion und Berechnung
VDI-Verlag GmbH, 1979

/31/ Spur, G.

Spanende Werkzeugmaschinen II
ZwF 71 (1976), H. 8 - 11

/32/ de Haas, P.   Thermisches Verhalten von Werkzeugmaschinen unter besonderer Berücksichtigung von Kompensationsmöglichkeiten
Dissertation TU Berlin, 1975

/33/ Opitz, H.   Untersuchung thermisch bedingter Verformungen an Werkzeugmaschinen
VDI-Berichte Nr. 112, 1966

/34/ Schunck, J.   Untersuchungen über die Auswirkung thermisch bedingter Verformungen auf die Arbeitsgenauigkeit von Werkzeugmaschinen
Dissertation TH Aachen, 1965

/35/ Denker, B.   Untersuchung über das thermische Verhalten von Drehmaschinen unter besonderer Berücksichtigung ihrer konstruktiven Gestaltung
Dissertation TU Berlin, 1970

/36/ de Haas, P.
     Heißel, U.   Kompensation thermischer Verformungen an Werkzeugmaschinen
ZwF, 73 (1978), H. 11,
S. 555 - 560

/37/ de Haas, P.   Möglichkeiten und Grenzen zur Kompensation thermischer Störeinflüsse bei automatischen Fertigungssystemen
ZwF 70 (1975), H. 7, S. 366 - 370

/38/ Jedrzejewski, J.   Zur Erwärmung von Drehmaschinen-
                      Spindelkästen
                      Werkzeugmaschine international
                      Jg. 1973, Nr. 4, August 1973,
                      S. 47 - 50

/39/ Lechler, G.   Untersuchung der thermischen
                      Eigenschaften von Hauptspindel-
                      lagerungen und Geradführungen
                      an Werkzeugmaschinen
                      Dissertation TU Berlin, 1978

/40/ Bräuning, H.   Ein numerisches Rechenmodell
                      zur Berechnung der instationä-
                      ren Temperaturverteilung in
                      Werkzeugmaschinen, programmiert
                      für elektronische Datenverarbei-
                      tungsanlagen
                      Dissertation TH Aachen, 1972

/41/ Ichimiya, R.   Neue Möglichkeiten der Kompen-
     Heißel, U.   sation thermischer Störeinflüs-
                      se an Werkzeugmaschinen
                      ZwF 71 (1976), H. 10,
                      S. 441 - 444

/42/ DIN   1319
                      Grundbegriffe der Meßtechnik

/43/ VDE/VDI   3511
                      Technische Temperaturmessung
                      Beuth-Vertriebs GmbH, Februar 1967

/44/ VDI/VDE   2191
                      Meßumformer für Temperatur
                      Beuth-Vertriebs GmbH, September
                      1977

/45/ Profos, K.   Handbuch der industriellen Meß-
                       technik
                       Vulkan Verlag Essen, 1978

/46/ Okushima, K.   Compensation of Thermal Dis-
     Kakino, Y.   placement by Coordinate System
     Higashimoto, A.   Correction
                        Annals of the C.I.R.P., vol. 24
                        (1975), S. 327 - 331

/47/ Heißel, U.   Ausgleich thermischer Deforma-
                        tionen an Werkzeugmaschinen
                        Dissertation Berlin, 1979

/48/ Schwarze, J.   Statistik, Kurzeinheit 3:
                        Zusammenhänge zwischen Merk-
                        malen
                        Fernuniversität Haagen-Wirt-
                        schaftswissenschaften, 1978

/49/ Zürmühl, R.   Matrizen und ihre technische
                        Anwendung
                        Springer-Verlag Berlin/Göttin-
                        gen/Heidelberg, 1964

/50/ Leonards, F.   Ein Beitrag zur meßtechnischen
                        Erfassung von Prozeßkenngrößen
                        bei der Drehbearbeitung
                        Dissertation TU Berlin, 1978

/51/ Mesch, F.   Meßtechnisches Praktikum für
                        Maschinenbauer und Verfah-
                        renstechniker
                        B·I-Hochschulskripten 736/736a
                        Mannheim/Wien/Zürich, 1970

/52/ VDI/DGQ   3442-3443:
Statistische Prüfung der Arbeits- und Positionsgenauigkeit von Werkzeugmaschinen
Köln, Berlin: Beuth-Verlag, 1977

/53/ Boelke, K.   Beitrag zur Analyse und Beurteilung von Lagesteuerungen für numerisch gesteuerte Werkzeugmaschinen
Dissertation Universität Stuttgart, 1977

/54/ Herold, H.H.
Maßberg, W.
Stute, G.   Die numerische Steuerung in der Fertigungstechnik
Düsseldorf: VDI-Verlag, 1971

/55/ Klinke, W.   Fehleruntersuchungen an einem störbelasteten Lageregelkreis
Dissertation Universtität Dortmund, 1974

/56/ Stof, P.   Untersuchung von Möglichkeiten zur Reduzierung dynamischer Bahnabweichungen bei numerisch gesteuerten Werkzeugmaschinen
Dissertation Universtiät Stuttgart, 1978

/57/ Lukas, R.   Beitrag zur Berechnung des Bahnfehlers bei bahngesteuerten Werkzeugmaschinen
HGF-Berichte 75/43 und 75/44
Industrie-Anzeiger

/58/ Buschhaus, H.   Beitrag zur Analyse des Fehler-
                        verhaltens eines lagegeregelten
                        Vorschubsystems für Werkzeug-
                        maschinen
                        Dissertation Universität
                        Dortmund, 1973

/59/ Ratjen, H.   Auswirkungen eines Geschwindig-
                        keitsvorhaltes bei Bahnsteue-
                        rungen mit ungleichem Zeitver-
                        halten der Maschinenachsen
                        HGF-Bericht 78/91
                        Industrie-Anzeiger

/60/ Schmid, D.   Beitrag zur Auslegung numerischer
                        Bahnsteuerungen
                        Dissertation Universität
                        Stuttgart, 1971

/61/ Stute, G.   Typische Konturfehler bei der
     Schmid, D.   Werkstückbearbeitung mit nume-
                        rischen Bahnsteuerungen
                        Annals of the C.I.R.P.,
                        Vol. XVIII (1970), S. 531 - 540

/62/ Brückbauer, R.-D. Untersuchung der verschiedenen
                        Möglichkeiten einer Bahnüber-
                        wachung unter Berücksichtigung
                        des jeweiligen Rechenaufwands
                        Unveröffentlichte Untersuchung
                        für Fa. Robert Bosch GmbH,
                        IA-Erbach, 1979

/63/ VDI   3427
                           Numerisch gesteuerte Arbeits-
                           maschinen
                           Dynamisches Verhalten von nu-
                           merischen Bahnsteuerungen an
                           Werkzeugmaschinen
                           Blatt 1
                           VDI-Handbuch Betriebstechnik
                           Juni 1977

/64/ Baisch, R.   NC-CNC
                           What Prospects has CNC to offer?
                           Proceedings of the 16th Inter-
                           national Machine Tool
                           Design and Research Conference
                           10-12 September 1975, Manchester

/65/ Kochan, D.   Rechnersteuerungen für numerisch
     Dimitroff, D.   gesteuerte Werkzeugmaschinen -
                           Möglichkeiten und Vorteile
                           Fertigungstechnik und Betrieb
                           25 (1975) 6, S. 364 - 369

/66/ Wörn, H.   Beitrag zur Struktur und zum
                           Aufbau modularer Steuersysteme
                           mit standardisierbaren Schnitt-
                           stellen
                           Dissertation Universität
                           Stuttgart, 1979

/67/ Bauer, E.   Beitrag zur Systematik und Aus-
                           legung rechnergeführter Steuer-
                           systeme (DNC)
                           Dissertation Universität
                           Stuttgart, 1975

/68/ Studer, F.
     Waibel, G.

Nahtstellenprobleme beim direk-
ten Führen numerisch gesteuer-
ter Werkzeugmaschinen mit einem
Prozeßrechner
Siemens-Zeitschrift 44 (1970)
Beiheft "Numerische Steuerungen"
S. 38 - 46

/69/ Ernst, P.

Automatisierung von Werkzeugmaschinen
Regelungstechnische Praxis
22. Jg. 1980, H. 2, S. 49 - 56

/70/ Thurn, K.

Steuerung nebenläufiger Prozesse
mit Mikrorechnern im Leistungs-
verbund
wimatika 79
Vorträge zum Kongreß für Wissen-
schaft und Automatisierung
Karlsruhe, März 1979

/71/ Aspinall, D.

Interfacing of Micro-Processors
To I/O Services
Mikroprozessor Tagung Lausanne
1975, S. 19 - 29

wbk Forschungsberichte

aus dem Institut für Werkzeugmaschinen und Betriebstechnik der Universität Karlsruhe

Herausgeber: Prof. Dr.-Ing. H. Victor